云和天气

郭恩铭 张蔷 伍永学 编著

图书在版编目（CIP）数据

云和天气 / 郭恩铭，伍永学，张蔷编著. -- 北京：气象出版社, 2018.11（2020.04 重印）

ISBN 978-7-5029-6866-3

Ⅰ. ①云… Ⅱ. ①郭… ②伍… ③张… Ⅲ. ①云－关系－天气－普及读物 Ⅳ. ① P426.5-49 ② P452-49

中国版本图书馆 CIP 数据核字（2018）第 253845 号

云和天气

Yun he Tianqi

郭恩铭 伍永学 张 蔷 编著

出版发行：气象出版社

地 址：北京市海淀区中关村南大街 46 号 邮 编：100081

电 话：010-68407112（总编室） 010-68408042（发行部）

网 址：http://www.qxcbs.com E-mail：qxcbs@cma.gov.cn

责任编辑：颜娇珑 胡育峰 终 审：张 斌

责任校对：王丽梅 责任技编：赵相宁

封面设计：楠竹文化

印 刷：北京地大彩印有限公司

开 本：889mm × 1194mm 1/32 印 张：3.5

字 数：82 千字

版 次：2018 年 11 月第 1 版 印 次：2020 年 04 月第 2 次印刷

定 价：19.80 元

一、云的形成条件和分类 / 1

二、云的特征 / 5

（一）低云……5

1. 积云（Cu）……6

2. 积雨云（Cb）……7

3. 层积云（Sc）……7

4. 层云（St）……9

5. 雨层云（Ns）……9

（二）中云……10

1. 高层云（As）……10

2. 高积云（Ac）……11

（三）高云……12

1. 卷云（Ci）……12

2. 卷层云（Cs）……13

3. 卷积云（Cc）……13

三、云状的判定 / 15

（一）云状的基本特征…………………………………… 16

（二）云状的演变规律…………………………………… 17

1. 非对流云的演变…………………………………… 18

2. 对流云的演变…………………………………… 19

（三）判断云状的几点经验…………………………… 20

四、相似云的区分 / 25

（一）卷积云（Cc）与高积云（Ac）…………………… 26

（二）高积云（Ac）与层积云（Sc）…………………… 26

（三）卷层云（Cs）与透光高层云（As tra）………… 26

（四）蔽光高层云（As op）与雨层云（Ns）………… 27

（五）雨层云（Ns）与层云（St）……………………… 27

（六）雨层云（Ns）与蔽光层积云（Sc op）………… 28

（七）雨层云（Ns）与满天积雨云（Cb）…………… 28

（八）层积云（Sc）与碎雨云（Fn）…………………… 29

（九）碎积云（Fc）、碎层云（Fs）与碎雨云（Fn）…… 29

五、云图和说明 / 31

（一）积状云…………………………………………… 32

1. 碎积云…………………………………………… 32

2. 淡积云…………………………………………… 33

3. 浓积云…………………………………………… 37

4. 积雨云…………………………………………… 41

5. 卷云…………………………………………… 56

（二）层状云…………………………………………… 61

1. 层云…………………………………………… 62

2. 高层云…………………………………………… 65

3. 雨层云…………………………………………… 67

4. 卷层云…………………………………………………………… 70
（三）波状云…………………………………………………………… 72
1. 普通波状云…………………………………………………… 73
2. 特殊波状云：荚状…………………………………………… 80
3. 特殊波状云：堡状…………………………………………… 82
4. 特殊波状云：絮状…………………………………………… 84
（四）云滴与固态降水现象形态…………………………………… 86
1. 云滴………………………………………………………… 86
2. 冰晶和雪晶………………………………………………… 87
3. 冰粒………………………………………………………… 88
4. 霰…………………………………………………………… 89
5. 冰雹………………………………………………………… 90
（五）相似云的比较………………………………………………… 92
1. 卷积云（Cc）与高积云（Ac）…………………………… 92
2. 高积云（Ac）与层积云（Sc）…………………………… 93
3. 卷层云（Cs）与透光高层云（As tra）………………… 95
4. 蔽光高层云（As op）与雨层云（Ns）………………… 96
5. 雨层云（Ns）与层云（St）……………………………… 97
6. 雨层云（Ns）与蔽光层积云（Sc op）………………… 98
7. 雨层云（Ns）与满天积雨云（Cb）…………………… 99
8. 层积云（Sc）与碎雨云（Fn）…………………………100
9. 碎积云（Fc）、碎层云（Fs）与碎雨云（Fn）…101
10. 层积云（Sc）与积云（Cu）…………………………102
11. 层积云（Sc）与积雨云（Cb）………………………103
12. 堡状云（Cast）与积云性云（Cug）………………104
参考文献 / 105

一 云的形成条件和分类

云是悬浮在大气中的小水滴、过冷水滴、冰晶或它们的混合物组成的可见聚合体（中国气象局监测网络司，2005）；有时也包含一些较大的雨滴、冰粒和雪晶，液体质粒的最大直径在 200 微米左右。其底部不接触地面。

云的存在和变化标志着当时大气中的各种物理量状况，借助于云的观测，能够间接了解空中气象要素的变化和大气运动的状况，因此，云的观测非常重要。

云对地球系统能量平衡和水循环有重要的影响，所以云也是气候观测项目之一（崔讲学，2011）。

云的观测一般从宏观和微观两方面进行。云的微观观测，包括云粒子的相态、形状、谱分布和云中含水量等的观测，这对于研究云的起因和云中的微物理过程具有重要的意义。云的宏观观测，则从云的外形特征入手，区分出不同种类的云，研究云的外形与大气中运动过程之间的关系（孙学金 等，2009）。

云的生成和发展是十分复杂的物理过程。微观层面，云的形成是使水汽达到饱和而凝结，云的形成过程就是使空气中的水汽达到饱和或过饱和的过程（李爱贞 等，2004）。云的形成有两条途径：一是增加空气中的水汽；二是降温。通常，云主要是靠潮湿空气在上升运动过程中绝热膨胀降温达到饱和而生成，水汽凝结过程中释放的潜热又提供了云体进一步发展的能量。因此，上升气流和充足的水汽是云生成的必要条件（盛裴轩 等，2013）。云粒子增大主要有两种过程：一是云粒子的凝结（或凝华）增长；二是云粒子的碰并增长。前者又称为贝吉龙效应（或冰晶效应）。对于冷云（云体上部温度低于 0 ℃，有冰晶和过冷却水滴共同构成的混合云），贝吉龙效应是主要的；对于暖云，则主要是碰并增长，尤其是重力碰并（李爱贞 等，2004）。

宏观层面，虽然云的生成过程非常复杂，但每种云在形成过程中又都有它的特定环境和天气形势，形成的云状也就各自不同，千差万别。卷云形成于高空，层云形成于近地层空气中，积云要求有对流存在，积云性层积云又要求有稳定层的存在，等等（严光华 等，2012）。客观地观测分析云的宏观演变，描述天气实况，是研究天气变化规律的重要内容之一（中国气象局，2004）。云的观测，不但使我们认清云的种类，更能显示出当时大气运动、稳定程度和水汽分布状况；此外，还可以通过云的系统演变了解锋面活动情况，如气旋、反气旋移动情况和发展程度。云不单是当时的天气指标，也是未来的天气预兆（严光华 等，2012）。

除了某些罕见的类型（例如珠母云和夜光云）和偶尔出现的平流层低层的卷云以外，所有的云都限定在对流层中，它们主要是空气垂直运动的产物（中国气象局监测网络司，2005）。

云的分类方法有很多种，主要的有法国博物学家拉马克（Jean-Baptiste Lamarck，1744—1829）提出的形态学分类法和瑞典科学家贝吉龙（Tor Harold Percival Bergeron，1891—1977）提出的发生学分类法。形态学分类法，是根据云的外形特征和中纬度地区平均云底高度，把云分为 10 个基本云属，每个云属下再细分为类或变种；发生学分类法，是按云形成的物理过程以及相应具有的形态特征，将云分为积状云、层状云、波状云 3 类。发生学分类法着重于云的成因，强调上升运动的不同形式，因此，更能将云和大气运动联系起来（王力 等，2017）。

世界气象组织采用形态学分类法。我国现行的气象观测业务，也参照形态学分类法，按云的外形特征、结构特点和云底高度，将云分为 3 族 10 属 29 类（见表 1-1）。

表 1-1　云状分类表

云族	云属		云类	
	学名	简写	学名	简写
低云	积云	Cu	淡积云 碎积云 浓积云	Cu hum Fc Cu cong
	积雨云	Cb	秃积雨云 鬃积雨云	Cb calv Cb cap
	层积云	Sc	透光层积云 蔽光层积云 积云性层积云 堡状层积云 荚状层积云	Sc tra Sc op Sc cug Sc cast Sc lent
	层云	St	层云 碎层云	St Fs
	雨层云	Ns	雨层云 碎雨云	Ns Fn
中云	高层云	As	透光高层云 蔽光高层云	As tra As op
	高积云	Ac	透光高积云 蔽光高积云 荚状高积云 积云性高积云 絮状高积云 堡状高积云	Ac tra Ac op Ac lent Ac cug Ac flo Ac cast
高云	卷云	Ci	毛卷云 密卷云 伪卷云 钩卷云	Ci fil Ci dens Ci not Ci unc
	卷层云	Cs	毛卷层云 薄幕卷层云	Cs fil Cs nebu
	卷积云	Cc	卷积云	Cc

二 云的特征

云的生成和增长是当时大气中温度、湿度、气流、凝结核和冰核数量的多少等诸多因素相互作用的结果，云状具有绚丽多彩和瞬间多变的特点。熟练地掌握云的特征，就能够准确地识别各种云状，从而不断提高观测云的水平。

（一）低云

低云：包括积云、积雨云、层积云、层云、雨层云 5 属。

低云由于形成的天气条件不同，外形特征有很大差异。低云的云底距地面高度较低，一般低于 2500 米，随季节、天气条件和不同经纬度而有变化。

低云多由微小水滴组成，厚的或垂直发展旺盛的低云的下部由微小水滴组成，而中、上部是由微小水滴、过冷水滴和冰晶混合组成。

积云、积雨云产生于不稳定的气层中，常称为对流云。其基本特征是生成时云体垂直向上发展，消散时向水平扩展，常为分散孤立大云块。对流发展旺盛时，上部有冰晶结构。

层积云、层云、雨层云则产生于稳定的气层中，主要由水滴构成，如云体较厚，其上部可能有冰晶（雪花）。云层低而黑，结构稀松。

多数低云都有可能产生降水，雨层云多出现连续性降水，积雨云多产生阵性降水，有时降水量很大。

1. 积云（Cu）

垂直向上发展的、顶部呈圆弧形或圆拱形重叠凸起，而底部几乎是水平的云块。云体边界分明。

如果积云和太阳处在相反的位置上，云的中部比隆起的边缘要明亮；反之，如果处在同一侧，云的中部显得黝黑但边缘带着鲜明的金黄色；如果光从旁边照映着积云，云体明暗就特别明显；当积云移至天顶时，看不见圆弧形的顶，而只看到暗黑的底部。

积云是由气块上升、水汽凝结而成。发展旺盛的积云可产生小阵雨（雪）。

积云云属包括下述 3 类云。

淡积云（Cu hum） 扁平的积云，垂直发展不盛，水平宽度大于垂直厚度。在阳光下呈白色，厚的云块中部有淡影，淡积云单体分散或成群分布在空中，晴天常见。

碎积云（Fc） 云体很小，比较零散地分布在天空，形状多变，为白色碎块，多为破碎了或初生的积云。

浓积云（Cu cong） 浓厚的积云，顶部呈重叠的圆弧形凸起，很像花椰菜；垂直发展旺盛时，个体臃肿、高耸，在阳光下边缘白而明亮。高空风较强时，云体可被吹成倾斜状态。浓积云在中、低纬度地区可产生阵性降水。

2. 积雨云（Cb）

云体浓厚庞大，垂直发展极盛，远看很像耸立的高山，云顶由冰晶组成，有白色毛丝般光泽的丝缕结构，常呈铁砧状或马鬃状。云底阴暗混乱，起伏明显，有时呈悬球状结构。

积雨云云属包括下述2类云。

秃积雨云（Cb calv） 浓积云发展到鬃积雨云的过渡阶段，花椰菜形的轮廓渐渐变得模糊，顶部开始冻结，形成白色毛丝般的冰晶结构，但尚未扩展开来。

秃积雨云存在的时间一般比较短。

鬃积雨云（Cb cap） 积雨云发展的成熟阶段，云顶有白色毛丝般的纤维结构，云的上部可扩展至对流层顶，受高空气流的影响，形成铁砧状或马鬃状，云的底部阴暗而混乱。

3. 层积云（Sc）

由团块、薄片或条形云组成的云群或云层，常成行、成群或波状排列。云块个体都相当大，其视宽度角多数大于5°（相当于一臂距离处三指的宽度，如下页图所示）。云层有时满布全天，有时分布稀疏，常呈灰色、灰白色和暗灰色，薄的层积云可看到太阳所在的位置，厚的层积云比较阴暗。

层积云有时可产生雨、雪，通常量较小。在我国南方有时可产生较大的雨。

■视宽度角示意图

云块位于地平线30° 以上时，可采用视宽度角方法大致判断云状（通常用于区分波状云）。要求手臂完全伸直，手指并拢，眼睛、手指、云块三点一线。

层积云除直接生成外，也可由高积云、层云、雨层云演变而来，或由积云、积雨云扩展或平衍而成。

层积云云属包括下述5类云。

透光层积云（Sc tra） 云层厚度变化很大，云块之间有明显的缝隙，可见青天或上边的云层；即使无缝隙，也可分辨出日、月位置，大部分云块边缘也比较明亮。有时可见华。

蔽光层积云（Sc op） 由阴暗的大条形云轴或团块组成的连续云层，无缝隙，大部分云体可以遮蔽日、月，云底有明显波状起伏。有时不一定满布全天。

积云性层积云（Sc cug） 积云、积雨云因上面有稳定气层而扩展或云顶下塌平衍而成。云体是扁平的长条形，灰白色，暗灰色，顶部具有积云特征。

在傍晚，积云性层积云有时也可以不经过积云阶段直接形成。

堡状层积云（Sc cast） 云体呈细长条状，底部较平，顶部凸起一个或几个云堡，但高度不同，有继续发展的趋势，云体视宽度角大于 5°。从远处观测好像城堡或长条形锯齿。

荚状层积云（Sc lent）　云体多为中间较厚、边缘较薄，在地形影响气流形成驻波的作用下形成豆荚、梭子形的云状，个体分明，分布在天空，云体视宽度角为 5°～30°。

4. 层云（St）

层云云属包括其本身和碎层云 2 类云。

层云（St）　云层比较均匀呈幕状，灰白色，好似浓雾，但不接地。

层云除直接生成外，也可在大气稳定的条件下，因夜间强辐射冷却或乱流混合作用，水汽凝结或由雾抬升而成。可产生毛毛雨或米雪，但无雨（雪）幡下垂。

碎层云（Fs）　不规则的松散碎片，形状多变，呈灰色或灰白色。由层云分裂或由雾抬升而成。山地的碎层云早晚也可直接生成。碎层云出现时预示晴天。

5. 雨层云（Ns）

雨层云云属包括其本身和碎雨云 2 类云。

雨层云（Ns）　厚而均匀的降水云层，完全遮蔽日、月，呈暗灰色，云底经常出现碎雨云，如因降水不及地在云底形成雨（雪）幡时，云底显得混乱，没有明确的界限。

碎雨云（Fn）　降水云层下由于雨滴蒸发或雪晶升华，使云下湿度增大，在乱流作用下水汽凝结而形成的碎云。初生时小而离散，不断滋生，后来可逐渐并合。云体散乱破碎，移动较快，形状多变，呈灰色或暗灰色。云底高度通常只有 50～400 米。

碎雨云常出现在降水时或降水前后的降水云层之下。当其

全部或大部分遮盖天空时，不要以为它是雨层云。

(二)中云

中云：包括高层云、高积云 2 属。

中云是由微小水滴、过冷水滴或者冰晶、雪晶混合而组成。中云的云底高度一般在 2500～5000 米。高层云在夏季多出现降雨，而在冬季多出现降雪。高积云较薄时不会出现降水，但在高原地区的高积云常出现雨（雪）幡。

1. 高层云（As）

带有条纹或纤缕结构的云幕，有时较均匀，颜色灰白或灰色，有时微带蓝色，一般可部分或全部布满天空。云层较薄部分可以看到昏暗不清的日、月轮廓，看上去好像隔了一层毛玻璃。厚的高层云，则底部比较阴暗，看不到日、月。

高层云常由卷层云变厚或雨层云变薄而成。有时也可由蔽光高积云演变而成。在我国南方有时积雨云上部或中部延展，也能形成高层云，但持续时间不长。

高层云云属包括下述 2 类云。

透光高层云（As tra） 较薄而均匀的云层，呈灰白色。透过云层，日、月轮廓模糊，好像隔了一层毛玻璃，地面物体没有影子。在高纬度地区可产生降雪。

蔽光高层云（As op） 云层较厚，且厚度变化较大，云层顶部起伏不平，底部可观测到阴暗相间的条纹结构。厚的部分隔着云层看不见日、月；薄的部分比较明亮一些，还可以看出纤缕结构。呈灰色或深灰色，有时微带蓝色。它产生降水的机会较多。

2. 高积云（Ac）

高积云的云块较小，轮廓分明，云的厚薄、形状不相同，常呈扁圆形、瓦块状、鱼鳞片，或是水波状的密集云条。成群、成行、成波状排列。大多数云块的视宽度角在1°～5°（相当于一臂距离处，中间三指的宽度）。有时可出现在两个或几个高度上。

薄的云体呈白色，可观测到日、月轮廓，厚的云体呈暗灰色，日、月轮廓看不清楚。在薄的高积云上，常有环绕日、月的虹彩，或颜色为外红内蓝的华环。

高积云都可与高层云、层积云、卷积云相互演变。

高积云云属包括下述6类云。

透光高积云（Ac tra）　云块的颜色从洁白到深灰都有，厚度变化也大，就是同一云层，各部分也可能有些差别。云层中个体明显，一般排列相当规则，但是各部分透明度是不同的。云缝中可见青天，即使没有云缝，云层薄的部分也比较明亮。

当透光高积云为横过天空的平行云带时，由于远看的关系，好像辐合在地平线上某一点或相对的两点，称为辐辏状云。

蔽光高积云（Ac op）　连续的高积云层，呈暗灰色，至少大部分云层都没有什么间隙，云块深暗而不规则。因为云层的厚度厚，个体密集，几乎完全不透光，但是云底云块个体依然可以分辨得出。有时会出现微量降水。

荚状高积云（Ac lent）　云体中间厚边缘薄，云体中间呈暗灰色，边缘呈白色，轮廓分明，一般呈豆荚状或椭圆形，弧立分散在天空。有时可能出现虹彩。

积云性高积云（Ac cug）　这种高积云由积雨云、浓积云延展而成。云块有大有小，呈灰白色，中间稍厚，顶部略有拱起的特征。在初生成的阶段，类似蔽光高积云。

絮状高积云（Ac flo） 云块大小不一，带有积状云外形的高积云团，云团下部比较破碎，很像破碎的棉絮团，分散在天空，高度也不相同，呈灰白色或灰色，可出现雪幡。

堡状高积云（Ac cast） 垂直发展的积云形的云块，远看并列在一线上，有一共同的水平底边，顶部凸起明显，好像城堡，也有的像锯齿的形状。云块比堡状层积云小。

（三）高云

高云：包括卷云、卷层云、卷积云 3 属。

高云是由微小的冰晶组成，云体通常呈白色，有蚕丝般的光泽，薄而透明。阳光通过高云时，地面物体的影子清楚可见，云底高度一般在 4500 米以上，高原地区较低。高云出现降水较少，冬季北方的卷层云、密卷云有时也会降雪，偶尔也能观测到雪幡。

1. 卷云（Ci）

具有丝缕状结构，柔丝般光泽，分离散乱的云。云体通常白色无暗影，呈丝条状、羽毛状、马尾状、钩状、团簇状、片状、砧状等。

卷云见晕的机会比较少，即使出现，晕也不完整。我国北方和西部高原地区，冬季卷云有时会下零星的雪。

我国北方和西部高原地区严寒季节，有时会遇见一种高度不高的云，外形似层积云，但却具有丝缕结构、柔丝般光泽的特征，有时还有晕，此应记为卷云。如无卷云特征，则应记为层积云。

卷云云属包括下述 4 类云。

毛卷云（Ci fil） 云片较薄，颜色洁白，丝缕结构和柔丝般的光泽十分明显，受高空风的影响，云丝分散，形状多样，很像乱丝、羽毛、马尾等，日、月透过毛卷云，地物阴影比较明显。

密卷云（Ci dens） 云体中部较厚，边缘薄的部分呈白色，毛丝般结构较明显。云丝密集，聚合成片，云量逐渐增多时，透过密卷云可观测到不完整的晕。

伪卷云（Ci not） 鬃积雨云衰退阶段，云的顶部脱离母体而成。云体较大而厚密，有时似砧状。

钩卷云（Ci unc） 云体很薄，呈白色，云丝往往平行排列，有时倾斜下垂，向上的一头有小钩或小簇，很像逗点符号。

2. 卷层云（Cs）

云层比较均匀的云幕，呈乳白色，日、月透过云幕时轮廓分明，地物有影，常有晕环。薄的卷层云有时云的组织几乎看不出来，只因有晕或使天空呈乳白色而确定有云；有时丝缕结构隐约可辨，好像乱丝一般。我国北方和西部高原地区，冬季卷层云可能有少量降雪。

卷层云云属包括下述2类云。

毛卷层云（Cs fil） 云体厚薄不很均匀，云底也不平整，白色丝缕结构明显，云的顶部比较平坦，略有微小起伏。有时云层较厚时能影响日照。

薄幕卷层云（Cs nebu） 均匀的云幕，有时薄得几乎看不见，只因有晕，才证明其存在；云幕较厚时，也看不出什么明显的结构，只是日、月轮廓仍清楚可见，有晕，地物有影。

3. 卷积云（Cc）

似鳞片或由球状细小云块组成的云片或云层，常排列成行或成群，很像轻风吹过水面所引起的小波纹。白色无暗影，有柔丝般光泽。云块的视宽度角多数小于 1°（相当于手臂伸直小指的宽度）。

卷积云可由卷云、卷层云演变而成。有时高积云也可演变为卷积云。一般生成及消散都比较快。

三 云状的判定

云状的观测应尽量选择在能看到全部天空及地平线的开阔、固定地点或平台进行。观测时，如果阳光较强，须戴黑色（或暗色或偏光）眼镜。白天观测云状时，即使是多云，抑或阴天，配戴黑色（或暗色或偏光）眼镜也能帮助更好地识别云的结构。

在连续观测的情况下，判定云状需要把握以下几点：一要抓住云状的基本特征；二要注意云状的演变规律；三要注意积累观测经验。观测云，不仅要看外表特征，还要了解云形成演变的条件和规律，只有这样，才能抓住云的关键特征，提高识别能力；要看整体，不能用局部特征来代替整体特征；要照实记载，并和天气现象配合，不应人为地设置某种模式和简单化确定（崔讲学，2011）。

（一）云状的基本特征

云的外形复杂，种类繁多，为便于判定云状，将其基本特征归纳于表 3-1。

表 3-1　云状特征表

分类	共同特征	云属	组成	外形特征	排列	透光情况	颜色	附属云及伴见光象
层状云	水平范围很广，云底均匀，成幕状，有时掩盖全天。云内较稳定，常有降水	卷层云	冰晶	丝缕状云幕	成层	日、月轮廓分明	白色	晕
		高层云	冰晶、水滴混合	条纹纤缕状云幕	成层	日、月如隔毛玻璃，或厚的部分蔽光	灰白色、深灰色	雨幡、碎雨云
		雨层云	水滴、冰晶混合	低而均匀的降水云幕	成层	完全遮蔽日、月	暗灰色	雨幡、碎雨云
		层云	以小水滴为主	低（像雾）而较均匀的云幕	成层	薄处可见日、月轮廓	灰色、灰白色	
波状云	水平范围较广，云内乱流较强，云顶常有逆温层。成层或散片排列，但云体起伏明显	卷积云	冰晶	细鳞片，小薄球，视宽度角小于1°	成群或散片	透光	白色(无暗影)	
		高积云	小水滴、冰晶	薄块或团块，视宽度角1°～5°	成层或散片	透光或蔽光	白色、灰白色	雨（雪）幡、华
		层积云	大、小水滴或雪花	松动大云块或滚轴状云条，视宽度角大于5°	成层或散片	透光或蔽光	灰白色、暗灰色	雨（雪）幡、华

续表

分类	共同特征	云属	组成	外形特征	排列	透光情况	颜色	附属云及伴见光象
积状云	水平范围有时较小、有时很大，云内不稳定，垂直发展的云块。孤立、分散、个体分明	卷云	冰晶	丝缕结构的云丝（片）	分离散乱	薄而透明	白色，蚕丝光泽	晕（不完整）
		积云	水滴	底平顶成圆拱形突出，个体分明的云块	孤立分散	边缘明亮	颜色视观测者、云、太阳三者的相对位置而定	雨（雪）幡，幞状云
		积雨云	底部水滴、中部混合、顶部冰晶	垂直发展旺盛的大云块，云顶丝缕结构模糊或明显（砧状），满布全天时云底混乱	混乱孤立浓厚的大云块或满布全天	常蔽光	暗灰色、云底阴暗	幡、碎雨云、龙卷、悬球状云、弧状云

（二）云状的演变规律

云状的演变具有一定的规律，其演变有两种含义：一种是指云体本身的变化，如云的增厚、变薄、衍生扩展或蒸发消失等；另一种是指云系的移动，不同种类的云依次经过测站上空，看起来像是云在发展变化，例如暖锋云系过境时，在卷层云后面接着来了高层云，测站所看到云的演变，就是卷层云→高层云。对于移动中的卷层云既可能在增厚，也可能无变化，甚至还可能在变薄。了解云的演变规律，有助于对云的正确判定。云的演变非常复杂，根据长期观测的经验，以及对云形成原因的分析研究，以下总结出非对流云和对流云演变的一般规律。

1. 非对流云的演变

卷云形成的原因多样，大都是由于高空有相当的对流和扰动作用而形成，所以常将卷云列为对流云。但由于这种对流只限于高空，与地面没有直接关系，视觉上又往往将其列为非对流云。本节将卷云列为非对流云介绍其演变，在云图说明部分，则将卷云列为积状对流云。

伪卷云是鬃积雨云消散时的丝缕部分，通常会很快转为密卷云，密卷云又常常进一步消散演变为毛卷云。钩卷云通常轻盈飘逸，与毛卷云结构相近，两者常常相互转变，只是钩卷云形状上的特殊性和对一些天气系统的指示意义，可以看成是毛卷云的特殊形态。

密卷云、卷层云、高层云、雨层云常相互演变，仅在出现次序上有差异，但代表的天气系统却大不相同。当上述云状顺序演变时通常表示为暖锋云系（暖气团前进，冷气团后退，形成的锋面为“暖锋”）。反之，先出现雨层云，其后依次为高层云、卷层云、卷云，通常表明出现了缓行冷锋系统（又叫“第一型冷锋”，是冷气团前进、暖气团后退形成的一种锋面云系）。

层积云、高积云、高层云的透光、蔽光也可相互演变，当由透光演变为蔽光时通常表示系统在加强，反之，表示系统趋于减弱。层积云、高积云、卷积云是波状云在不同高度上的表现，当由低到高演变时，表示天气系统减弱、消散；当由高到低演变时，表示天空云量增多，未来可能出现弱降水天气。

层积云、高积云、高层云两两之间的相互演变一般反映了不同的天气趋势，层积云向高积云演变通常表示系统由强转弱，高积云向高层云演变则往往预示未来天气将逐渐转坏，可能出现降水天气。

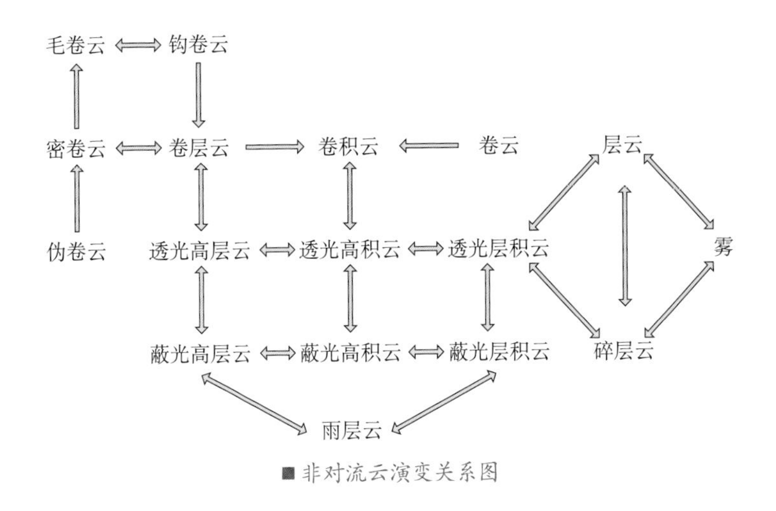

■ 非对流云演变关系图

层积云在多数情况下，是由于空气的波状运动和乱流混合作用使水汽凝结而形成，有时是由强烈的辐射冷却而形成，有时由层云、碎层云演变而成（透光层积云）。层云、碎层云与雾有密切的关系，常常由雾转化而来，通常是雾抬升形成层云，当温度升高或其他原因使稳定层被破坏后，演变为碎层云，进而逐渐消散。

2. 对流云的演变

对流云的发展与对流运动的强度密切相关，相应地，对流云的位置与凝结高度、对流高度有紧密的联系。

碎积云和淡积云是积云的初生状态，两者通常互相转化。透光层积云受热力作用可演变为淡积云，淡积云在合适的热力（动力）条件下，可发展为浓积云，进而演变为秃积雨云、鬃积雨云。积云在发展过程中遇到稳定层且未能突破时，淡积云将平衍成积云性层积云，浓积云则演变为积云性高积云和积云性层积云。堡状层积云突破稳定层后继续发展可能转为浓积云。

鬃积雨云在对流衰退崩解时，顶部丝缕部分脱离母体形成

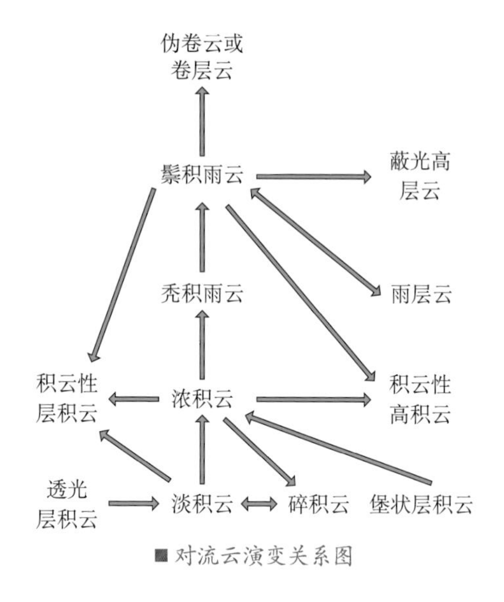

■ 对流云演变关系图

伪卷云，中部坍塌为积云性高积云，底部平衍成积云性层积云。鬃积雨云与雨层云可相互演化，表现为对流性的增强和减弱。此外，鬃积雨云还可整层演变为蔽光高层云或卷层云。

（三）判断云状的几点经验

看云时，可通过先观察云底的高度，判断该云是什么云族（高、中、低），然后根据云的外貌、特征、颜色及所伴有的天气现象等来识别其主要云状。如云体是块状的，或者成行成条的，就可能是卷积云、高积云、层积云；倘若云层像幕布一样，可能是卷层云、高层云、层云、雨层云；如云底很暗黑时，可能是积雨云、雨层云（上海市气象局，1974）。再根据伴见的天气现象，参照《中国云图》（气象出版社，2004）以及卫星云图和雷达回波图，经过认真细致地分析对比判定是哪种云。

前面定义的云状往往比较典型，由于我国幅员辽阔，地形复杂，云的特征差异很大，大量的是非典型的云状，观测者不能硬搬云状的定义、硬套云图，而必须考虑不同地理环境（纬度，海拔高度，水陆、山川分布等），不同季节的特殊性，进行综合分析判断（崔讲学，2011）。同一种云在其发展、演变或消散时通常代表着不同的天气，在不同季节和不同地区所反映的天气也不同。天气谚语在各地的说法也不一致。因此在看云时最好结合当地当时的具体情况，连续观测云的形状、来向、移速、厚薄、颜色等的变化，并分析云和天气的关系（上海市气象局，1974）。以下观测经验可供借鉴：

（1）云在天顶，仅见其底部的形状，云在天边，仅见其侧面的形状；云距观测者愈近，云体显得愈大，云距观测者愈远，云体显得愈小。因此，依据云体的形状和大小判定云的种类时，需要考虑云体与观测者之间的相对位置。

（2）光照愈强，云体色泽愈淡，亮度也愈大；光照愈弱，云体色泽愈深，亮度也愈小。因此，依据云体的色泽和亮度判定云的种类时，需要考虑当时太阳的高度角（夜间要考虑月光和地面灯光的强弱）和云体与光源的相对位置。

（3）大气愈浑浊，云体外貌愈模糊；大气愈澄朗，云体外貌愈清晰。因此，依据云体的细微结构判定云的种类时，需要考虑当时大气的浑浊情况。

（4）地面气象观测的云量为视云量。视云量反映的是某个高度上云的可见面积，它与云底高度、观测者的位置有关，需要考虑当时云的位置。

（5）一般地，云的凝结高度是随海拔高度增加而降低的，一年中冬季低于夏季，一日中早晚低于中午前后，发展中的云比消散中的云低。

（6）云底较低的云一般表现为结构松散、云块较大、透光程度差、颜色较暗、云层移动快，反之，云底较高。应注意，参考云层明暗程度估计云高仅适用于白天，若于黎明或傍晚，因阳光斜射，通过云层距离较长，而且光线经过较厚的大气层被减弱很多，使本来云层高度无显著变化的云层，因太阳高度角降低，而被误认为云层在显著增厚变低，从而易误以为云层在发展。

（7）受镜头约束或拍摄角度影响，拍出的云可能只是局部（如层状云），或有一定的变形（如因为侧视，使透光误认为蔽光），对比时应注意把握其主要特征。

（8）夜间云的观测，应在傍晚时注意云的状况和演变趋势，为夜间观测打下基础。观测前应先到黑暗处停留一段时间，待眼睛适应环境后再进行观测。层状云或蔽光的波状云一般不见月、星，可见月、星的一般是个体较小的积状云或透光的波状云；“星星眨眼”或伴见晕的基本是高云（通常是卷云），有华的则基本是高积云；受灯光影响较明显的区域，云的颜色往往与白天相反，低云呈白色或灰白色，高云则呈灰黑色或黑色。

另外，可通过不同云属伴见的降水现象特征辅助判别，降水现象特征见表 3-2。

表 3-2　云属伴见降水现象特征

降水现象	符号	直径（毫米）	降水现象外形及着地特征	下降情况	一般降自云属	天气条件
雨	$\bullet$	≥ 0.5	干地面有湿斑，水面起波纹	雨滴可辨，下降如线，强度变化较缓	雨层云，高层云，层积云，高积云	气层较稳定
阵雨	$\overset{\bullet}{\triangledown}$	>0.5	干地面有湿斑，水面起波纹，但雨滴往往较大	骤降骤停，强度变化大，有时伴有雷暴	积雨云，积云，层积云	气层不稳定
毛毛雨	$,$	<0.5	干地面无湿斑，慢慢均匀湿润，水面无波纹	稠密飘浮，雨滴难辨	雾，层云	气层稳定
雪	$\ast$	大小不一	白色不透明六角或片状结晶，固体降水	飘落，强度变化较缓	雨层云，层积云，高层云，高积云，卷云	气层稳定
阵雪	$\overset{\ast}{\triangledown}$	大小不一	白色不透明六角或片状结晶，固体降水	飘落，强度变化较大，开始和停止都较突然	积雨云，积云，层积云	气层较不稳定
雨夹雪	$\overset{\bullet}{\ast}$	大小不一	半融化的雪（湿雪）或雨和雪同时下降	雨滴可辨，下降如线，强度变化较缓	雨层云，层积云，高层云，高积云	气层稳定
阵性雨夹雪	$\overset{\overset{\bullet}{\ast}}{\triangledown}$	大小不一	半融化的雪（湿雪）或雨和雪同时下降	强度变化大，开始和停止都较突然	积雨云，积云，层积云	气层较不稳定

续表

降水现象	符号	直径(毫米)	降水现象外形及着地特征	下降情况	一般降自云属	天气条件
霰	$\overset{\times}{\triangle}$	2～5	白色不透明的圆锥或球形颗粒，固态降水，着硬地常反跳，松脆易碎	常呈阵性	积雨云，层积云	气层较不稳定
米雪	$\overline{\triangle}$	<1	白色不透明，扁长小颗粒，固态降水，着地不反跳	均匀、缓慢、稀疏	雾，层云	气层稳定
冰粒	◬	1～5	透明丸状或不规则固态降水，有时内部还有未冻结的水，着地常反跳，有时打碎只剩冰壳	常呈间歇性，有时与雨伴见	雨层云，高层云，层积云	气层较稳定
冰雹	△	2至数十	坚硬的球状、锥状或不规则的固态降水，内核常不透明，外包透明冰层或层层相间，大的着地反跳，坚硬不易碎	阵性明显	积雨云	气层不稳定

四 相似云的区分

云状具有绚丽多彩和瞬间多变的特点，正所谓“天上浮云似白衣，斯须改变如苍狗”，天上的云时刻在相互演变，因此往往同时具备两种甚至更多的云属特征；又或者因为观测时间（白天与夜间）、观测者位置（云在天边）、观测者视角（低云满布全天，有可能为雨层云、积雨云、层积云、层云）等原因，可能产生误判。

对于相似云的正确判别，连续观测是关键。要通过连续观测抓住云状的基本特征和演变趋势，要看整体特征并和天气现象配合，不宜纠缠于具体的某个云块，尤其是对于波状云和积状云。

以下是几种相似云比较的判别经验，云图举例分析详见第 92 页。

（一）卷积云（Cc）与高积云（Ac）

高的高积云云块较小，或在整层高积云的边缘有很小的高积云块，形态和卷积云颇相似，易误认为卷积云。只有符合下列条件中的一个或以上的，才能算做卷积云。

（1）卷积云必须具有以下特征的一个或一个以上，否则为高积云。

① 和卷云或卷层云之间有明显的联系。

② 从卷云或卷层云演变而成。

③ 确有卷云的柔丝光泽和丝缕状特点。

（2）卷积云的云块很小（地平线 30° 以上，云块视宽度角小于 1°）且很明亮。若云块很小，但具有阴暗部分，则为高积云。

（二）高积云（Ac）与层积云（Sc）

（1）在地平线 30° 以上，天空中多数云块视宽度角大于 5° 即为层积云，否则为高积云。

（2）层积云看起来结构较松散，没有高积云紧密。

（三）卷层云（Cs）与透光高层云（As tra）

厚的卷层云易与薄的高层云相混。凡具有下列条件之一者就认为是卷层云，否则为透光高层云。

（1）有晕存在。

（2）日、月轮廓分明。

（3）地面上的物体有影子。

（4）丝缕结构明显。

（1）、（2）、（3）三个条件只是在太阳高度角大于30°时才适用。

（四）蔽光高层云（As op）与雨层云（Ns）

（1）蔽光高层云薄的地方可辨模糊的日、月；雨层云则完全不可辨。

（2）蔽光高层云可有条纹或纤缕结构；雨层云则无，且云底更阴暗，没有明显的界限。

（3）蔽光高层云产生的降水多为间歇性；雨层云则多为连续性雨雪，且云底高度较低，常在1500米以下。

（五）雨层云（Ns）与层云（St）

（1）通常层云的高度更低，有时可以掩盖高大物体的上部，但雨层云不会有这种现象。

（2）层云只能产生毛毛雨或米雪，雨层云多产生连续性的雨或雪。另外，雨层云的下部常有雨（雪）幡和碎雨云，而层云没有。

（3）透光情况不同，薄的层云有时能见到日、月轮廓，但雨层云不能。

（4）层云多数出现于静风或微风条件下，强风时不常出现。雨层云则不一定。

（5）层云出现前，经常有雾，且层云往往由雾升高而成，多是局部地区形成的，不常有其他中、低云存在，而雨层云几乎都是由别的云层演变而成。

（六）雨层云（Ns）与蔽光层积云（Sc op）

厚的蔽光层积云，它的云块彼此渐趋合并，有时能融合变成雨层云，但必须块状结构（个体起伏）完全消失，或因降水的缘故，云底已经没有截然的界限，才记为雨层云。

（七）雨层云（Ns）与满天积雨云（Cb）

此时应从历史演变来判断。雨层云一般是由层状云加厚演变而来，积雨云则是由对流云发展形成的。在历史演变难判断时，一般可根据降水性质、云底情况来判断。当降水的阵性特征明显，云底很混乱，或有雷电、冰雹等现象，以及伴随有气象要素的突变时，那无疑就是积雨云了。

当积雨云底由混乱逐渐融合，渐为幕状，降水阵性特征逐渐消失，转为连续状态时，可认为积雨云已演变为雨层云。

有时天空一直是雨层云，并伴有连续性的降雨，但突然远方闻雷，而当地整个云层与降水性质均无变化，这是暖锋云系（或缓行冷锋云系）上产生的局部不稳定现象，此时云状按实际情况记载，或全部记雨层云，或记雨层云和积雨云共存，积雨云的量根据云底状况估计。

天空一直是层状云（雨层云或蔽光高层云），伴有连续性的雨（雪），但突然天顶附近出现雷暴、闪电，此时云状应改为积雨云，天气现象改为阵性降水。

（八）层积云（Sc）与碎雨云（Fn）

碎雨云布满全天，天边附近的云块显得光滑，互相重叠呈波浪状，很像层积云。

其实，天边的碎雨云与天顶的碎雨云在同一高度上，由于在天边只能看到狭窄的侧面，才显得明暗相间，呈波浪状，容易误认为层积云。

当天边的碎雨云移到天顶时，波浪结构就消失，破碎不规则的特点就看得很清楚。可以通过天顶云块结构来判定是碎雨云还是层积云。

（九）碎积云（Fc）、碎层云（Fs）与碎雨云（Fn）

三者都是破碎的低云，外形很相似，主要从云的形成过程与当时天气条件来区别。具体如下：

碎积云：破碎的积云。自行生成的碎积云有的形状像淡积云，有圆拱形的顶部，但没有水平的底边。

碎层云：破碎的层云。自行生成的碎层云，有圆拱形的顶部，但没有碎积云那么厚。

碎雨云：出现在雨层云、高层云、积雨云等降水云层之下，由于有上层云为背景，碎雨云常呈暗黑色或深灰色，形状可能像碎积云，也可能像碎层云。

碎积云、碎层云可以单独出现，碎雨云则总以伴见云出现。

五 云图和说明

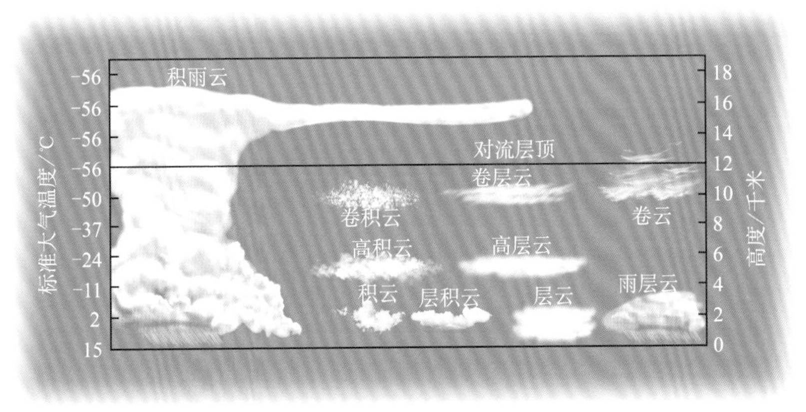

积雨云
对流层顶
卷层云
卷积云
卷云
高积云
高层云
积云
层积云
层云
雨层云
-56
-56
-56
-56
-50
-37
-24
-11
2
15
标准大气温度/℃
18
16
14
12
10
8
6
4
2
0
高度/千米

■ 十属云

（一）积状云

积状云包括积云、积雨云、卷云。积状云的形成通常是由于热力或动力抬升作用，不稳定的空气层使局部气团产生了对流。积状云形成时云体总是垂直发展，顶部常常呈现出球状凸起的独特造型。

1. 碎积云

积云体的形成，一开始并不是很明显，往往是一边在形成中，一边又在蒸发消散中，这就形成疏薄、边缘破碎的碎积云。随着对流增强，碎积云可以发展成淡积云。但有强风和乱流时，淡积云也可能变得破碎，形成碎积云。

碎积云由 1～15 微米的小水滴组成。当其单独出现时，预示天气晴朗。

碎积云往往是破碎了的或初生的积云，常与其他积云同时存在，形状多变，边缘破碎，轮廓很不完整，云块较低。

图中左侧的一块碎积云，正在向淡积云发展。

如果碎积云上面没有其他云层，未来天气将继续晴朗。

■ **碎积云** 1980 年 1 月 11 日 13 时 30 分，摄于云南石林，拍摄方向：北，拍摄者：郭恩铭

2. 淡积云

淡积云是积云的初生阶段。当大气中产生对流运动时，一部分空气上升，使得周围空气下沉补充，下沉气流区因绝热增温使得水汽蒸发，不会凝结成云；上升气流的水平范围可从几十米到几千米，这种大小不等的上升气块，到达凝结高度以上时，便形成许多孤立分散的对流单体，并逐步形成大小不一的积云云体。

当一团空气开始上升时，它内部的水汽含量和温度水平分布基本上是均匀的，因此凝结高度是一致的，从而使积云具有水平底部的特征。淡积云的云底高度一般为600～2000米，在水汽比较充足的地区或雨后初晴的潮湿地带，或者山区，云高有时低至200米左右；但在沙漠和干燥地区，有时则高达3000米左右。云顶高度在1000～4000米，云顶温度常在0 ℃以上，云体厚度多为300～1500米。

淡积云云体在形成过程中，由于其中央部分的上升气流最强，同时云体的边缘部分又与周围的干燥空气相混合，云滴不断蒸发，空气不断冷却，使云块外围产生下沉气流，造成圆拱形突出的云顶。

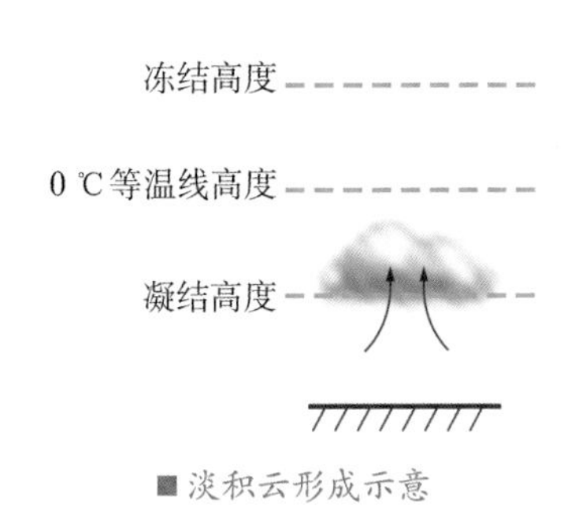

■ 淡积云形成示意

淡积云由直径 5～30 微米的小水滴组成，一年四季均可出现，主要集中在夏季。一日中，则主要出现在午后至傍晚。一般夏、秋季节的淡积云易发展，由淡积云发展至浓积云，最终演变为积雨云。北方和青藏高原地区冬季的淡积云由过冷水滴

■ **淡积云** 1992 年 7 月 19 日 13 时 10 分，摄于辽宁鞍山，拍摄方向：北，拍摄者：郭恩铭

夏季的午后，蓝色的天空下漂浮着朵朵白色的淡积云。在太阳相反方向的云体洁白，中部隆起的部分比边缘要明亮，云底较平，个体大小相差较大，排列也不整齐，部分云体松散，伴有碎积云。

淡积云出现后，如果云块不再向上发展，天气将保持晴朗，谚语“馒头云，天气晴”即指此种情况。

当具备合适的热力或动力条件时，淡积云将发展为浓积云。

或冰晶组成，常沿山坡抬升或分散在宽阔的山谷以及山峰的上空，有时会降零星雨雪，形成“太阳雨”。

北方地区淡积云大多轮廓清晰，个体不大，顶部呈圆弧形凸起；南方地区淡积云由于水汽较多，轮廓不如北方地区淡积云清晰。

■ **淡积云** 1991 年 9 月 4 日 10 时 45 分，摄于辽宁绥中，拍摄方向：西北，拍摄者：郭恩铭

夏末早上的淡积云，空中的淡积云排列成长条，云体间边界明显，云块中部有暗影，圆弧形顶不明显，有的云块边缘散乱。

“早晨朵朵云，午后晒死人”，如果淡积云不发展，天气将继续晴朗。

受地形抬升作用形成的淡积云，云块孤立、分散，个体较大，有明显的水平底边，中部隆起伴有暗影，没有明显的圆弧形顶，水平底边大于垂直高度。

如果没有更进一步的水汽条件，山区局地热力作用形成的淡积云只能维持或逐渐消散，天气保持晴朗。如果水汽条件好，易使对流加强，使淡积云发展为浓积云。

■ **淡积云** 拍摄时间不详，摄于北京，拍摄者：郭恩铭

广西桂林的淡积云和碎积云。淡积云的轮廓不如北方淡积云清晰，底边不够水平，呈现略微向右上倾斜。碎积云云体边缘破碎，在低空零散分布，云体变化较快，正逐渐发展成淡积云。

如果淡积云未发展，预示天气将保持晴朗，一般在傍晚将演变为积云性层积云或直接消散。

■ **碎积云和淡积云** 1997 年 6 月 15 日 11 时 10 分，摄于广西桂林，拍摄方向：西，拍摄者：郭恩铭

3. 浓积云

浓积云是由大小不同尺度的水滴组成，小水滴直径为5～50 微米；大水滴多为 100～200 微米。浓积云的云底高度通常在 600～2000 米，但在山区或水汽充足的地区，云底可低至200 米左右；当云发展旺盛，浓积云的厚度可达 3000～5000 米，云顶高度可达 3000～8000 米，云顶温度在 -10 ℃以下，会出现过冷水滴、冻滴、霰和冰晶。

出现浓积云表示大气中有较厚的不稳定层，对流运动十分旺盛，云中的上升气流可达 10～20 米 / 秒，云内每一股强盛的上升气流都使得云顶形成一个云泡，故浓积云云顶呈重叠的圆拱形，形状似花椰菜。浓积云的周围常有较多的淡积云，成为浓积云发展的水汽来源。

云内上升气流十分旺盛的浓积云，其云顶伸展很快，这使得云顶以上的周围空气上抬，此时若这层被上抬的空气薄且较潮湿、接近饱和，就会因微弱的抬升作用使其绝热冷却，发生凝结。这种抬升的距离通常不会很大，只形成薄薄的云带，覆盖着云顶，被称为云幞（fú）。

如果清晨有浓积云发展，可能出现阵雨或雷阵雨天气。

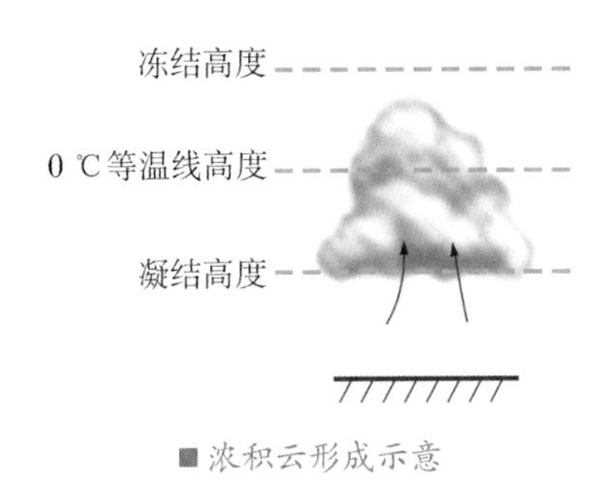

■ 浓积云形成示意

■ **浓积云** 1991年9月2日10时30分，摄于辽宁绥中，拍摄方向：西北，拍摄者：郭恩铭

图中的一些淡积云在热力作用下已发展为浓积云，个体分明，云体中部高高隆起，云底水平底边较平整并有暗影，垂直高度大于水平宽度。图中前排中间的浓积云正在向上发展，另外两块浓积云的云顶略向左倾斜。图中后边的浓积云也在发展，但因距离较远，前、后排的浓积云看起来好似互相连接。高空有几条密卷云。

浓积云一般会进一步演变为积雨云，但也不是必然演变，如果其他条件不具备，也可能维持一段时间后逐渐消散；演变为积雨云时出现阵雨的可能性比较大，但有时也会出现“早晨乌云盖，无雨也风来”这种有风无雨的情况。

上图中浓积云成长较快，个体很大，云体轮廓清晰，云顶垂直向上发展旺盛，云顶有明显的圆弧形重叠，云底保持较平整呈暗黑色。周围有淡积云，右上方有碎积云。

浓积云往往是由淡积云发展而成，在夏季出现较多，有时会下阵雨，闻雷极罕见。

相较上图，下图中的浓积云发展得更加旺盛，云体高大，云顶凸起，正向秃积雨云过渡，花椰菜似的重叠逐渐变少。云底平坦，呈暗灰色，云底中部有雨幡（雨滴在下落过程中不断蒸发、消失而在云底形成的丝缕条纹状悬垂物）下垂。左侧淡积云也在发展，上部是分散的碎积云。

如果夏天的早晨就有浓积云出现，到了午后，浓积云继续发展，常常会演变成积雨云。

下图中的雨幡如果下垂接地，接地区域将出现阵雨。

■ **浓积云（组图 2 幅）** 1985 年 7 月 20 日 15 时 35 分，摄于辽宁锦西，拍摄方向：东，拍摄者：郭恩铭

■ **浓积云** 1981年7月2日18时20分，摄于西藏拉萨，拍摄方向：西南，拍摄者：郭恩铭

图中的三块浓积云正快速发展，云中的上升气流很强，云顶在迅速地上升，云顶上部比较潮湿的气层被迅速冷却凝结，形成了覆盖在云顶上的轻纱似的云幕，即幞状云。这三块云很快将发展成秃积雨云。

4. 积雨云

积雨云是积云发展的极盛阶段，主要出现在夏季，云体浓厚庞大，垂直发展极盛，云顶高度在不同季节、不同纬度有较大的差异，一般可伸展到 7000～18 000 米（对流层顶），北京地区的实测结果显示最高可达 22 000 米左右。云底高度通常为 600～2000 米，季节差异较大，夏季的云底高度较低，可低至 200 米左右，冬春季云底较高。云顶温度极低，可低至 -40～-20 ℃，因此过冷水滴冻结成冰粒，水汽凝华成冰晶（雪晶），使得云顶出现冰晶般的丝缕状结构，常有雨幡下垂或伴有碎雨云。

积雨云下部是由水滴、过冷水滴组成，中上部由过冷水滴、冻滴、冰晶和雪晶组成，发展最旺盛阶段还有不同尺度的霰粒和冰雹。冬季高纬度地区，由于温度很低，云体可能整体转为

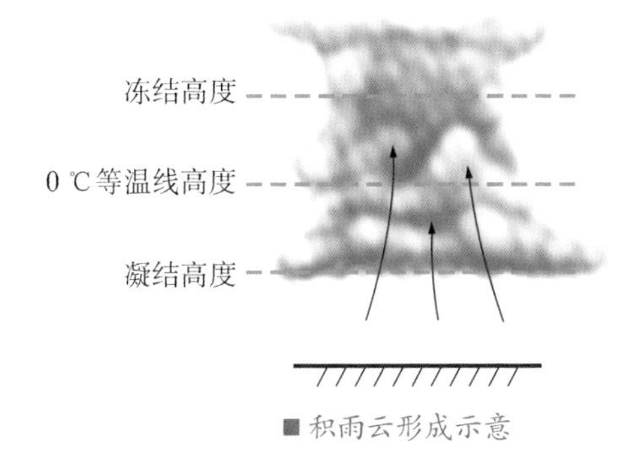

■ 积雨云形成示意

丝缕结构。积雨云中有强烈的上升、下沉气流区，较大的上升气流速度可达 30～35 米 / 秒，一般为 10～20 米 / 秒，因此常在云底呈现出悬球状或滚轴状特征。

积雨云的水平范围及垂直范围均很大，单体的积雨云距观测者较远时，能看出云的全部形状和云顶的丝缕结构。积雨云布满全天时，一般只能看见阴暗混乱的底部。有时满布全天的积雨云云底没有阴暗混乱或悬球状的结构，而类似高层云或雨层云，这种情况需要加强连续观测，并结合伴见的天气现象加以区分。

积雨云常产生较强的阵性降水，并伴有大风、雷暴、闪电等现象。有时产生飑（biāo）或降冰雹、霰。云底偶有龙卷产生。但上述现象并不是必然出现。

形成积雨云的天气形势主要有两种：一种是因局地热力作用而形成于气团内部，多表现为分散的单体；另一种多形成于冷锋天气系统之中，常沿锋面排列成长条的云带。

冷锋天气系统是冷气团向暖气团方向移动，通常移速较快，暖湿气团被冷气团急骤抬升、冷却而形成积雨云，在积雨云云顶的前沿一般分布着卷云，在 7000～8000 米高的稳定层分布有高积云，低空通常伴见浓积云和淡积云。这种冷锋云系中的积雨云在我国西北、华北、东北地区出现较多。

此外，在江南静止锋云系的雨层云中，因局部对流不稳定而形成的积雨云常夹在其中。一般在地面不易识别，只有飞机在云上飞行时，方可观测到穿过云层向上伸展的积雨云。

■ **秃积雨云** 1981年6月11日14时40分，摄于西藏拉萨，拍摄方向：西北，拍摄者：郭恩铭

由浓积云发展演变的秃积雨云。云体浓厚、高大，浓积云的圆弧形轮廓已经消失，云顶已冻结并冰晶化，但还未形成丝缕状结构，云体周围仍有一些浓积云的特征。秃积雨云附近有小块的淡积云。

秃积雨云是浓积云与鬃积雨云的过渡阶段，存在时间很短，通常很快会转变为鬃积雨云，常伴有浓积云、淡积云和碎积云。

秃积雨云也被称为“鬼头云”，如果继续向本地发展，通常在较短时间内会演变为鬃积雨云，可能出现阵雨，伴有雷电等现象。

鬃积雨云的云底常具有悬球状或滚轴状的特征。一般认为悬球状是由于云层内对流胞（自成单元的小对流系统）的发展，在下沉气流区域，将大团云块带下来形成混乱的云底。这些下垂云体如果是由小水滴组成，很容易蒸发掉；如果是由大水滴组成，则可以下垂到离母体较远的地方，成为良好的悬球状云。

■ **浓积云向秃积雨云过渡** 1982年7月27日11时20分，摄于北京西郊，拍摄方向：西，拍摄者：郭恩铭

■ **鬃积雨云（砧状）** 1982年7月27日12时00分，摄于北京西郊，拍摄方向：西，拍摄者：郭恩铭

■ **鬃积雨云** 1982年7月27日12时30分，摄于北京西郊，拍摄方向：西南，拍摄者：郭恩铭

鬃积雨云在发展过程中出现悬球状特征通常是下阵雨的征兆。

滚轴状云是积雨云内部有强烈的上升、下沉气流，且上下层间的水平速度又存在着差异，这时在积雨云移动方向的前侧方，往往由于强烈的扰动而产生滚轴状云，其前缘有似弧状圆拱，即弧状云。

上图拍摄方向（西方）有两个浓积云旺盛发展，云体随高空风正缓慢向南方移动。两个单体的浓积云云体很大，相距很近，周围分散着淡积云，垂直发展速度不同，左边一块云顶向上伸展较快，右边一块云顶向两侧扩展。

中图为上图40分钟后，浓积云已发展为鬃积雨云，云顶成砧状，其中左侧的发展较完整。右侧远处又有一发展完整的积雨云单体，逐渐向东方移动。

下图为中图30分钟后，云体均已发展到积雨云成熟阶段，并移至拍摄者西南方向，云顶毛丝结构如鬃毛向四周扩散，远看云顶已互相整合，连接成一体。空中还有分散的淡积云和碎积云。

积雨云的水平范围及垂直范围均很大，图中的单体积雨云距观测者较远，能够看出云的全部形状，尤其是云顶的砧状和鬃毛状丝缕结构。

演变到鬃积雨云时，对流发展极盛，云顶已达对流层顶——此时的云顶已受到高空稳定层（对流层顶）的阻抑，不能继续向上发展，只能向四周扩展，扩展的冰晶云顶因为高空风的影响，在顺风方向上扩展得很长，而在逆风方向上扩展得较短，形成了铁砧状（中图）或马鬃状（下图）的外形。

演变为鬃积雨云后，云体所过之处风力会增大（但不一定达到大风级别），常会有较强的降雨，可能伴有雷电，甚至出现冰雹、龙卷等现象。“天上铁砧砧，地上雨成滩”就是鬃积雨云强降水的写照。在云体移动的相反方向，却往往仍呈晴空万里，正所谓“东边日出西边雨”，正是积雨云降雨局地性特征的写照。

■ **浓积云向积雨云过渡** 1990 年 8 月 17 日 16 时 15 分，摄于北京西郊，拍摄方向：东，拍摄者：郭恩铭

■ **鬃积雨云** 1990 年 8 月 17 日 17 时 00 分，摄于北京西郊，拍摄方向：东南，拍摄者：郭恩铭

■ **鬃积雨云** 1990 年 8 月 17 日 17 时 40 分，摄于北京西郊，拍摄方向：东南，拍摄者：郭恩铭

上图拍摄者的东方有浓积云，云体高大，很像耸立的高山。云顶正迅速向上伸展，许多的圆弧形重叠使得云顶呈花椰菜状，中空有呈条状的积云性高积云。云底水平，因低空的能见度较差，云底不是十分清楚。20 分钟后，这块浓积云发展成积雨云。

中图中的浓积云已发展为积雨云（上图 45 分钟后拍摄），云体在垂直和水平方向上仍在非常猛烈地扩展，云顶已冰晶化并逐渐形成砧状，但云泡仍可辨别。云中的对流发展清晰可见，云底已黑暗不清，雨幡已接地，所过之处正在形成较强的阵雨。空中有零散的积云性高积云，主体云右侧有一块浓积云逐渐与其合并。

下图中，中图的积雨云逐渐远离拍摄者（距中图 40 分钟后拍摄），云体更庞大，云顶已全部冰晶化并形成砧状，右侧浓积云的圆弧重叠较前图已明显减少，云底因降水而看不清楚，空中仍有零散的积云性高积云。

夏季午后已旺盛发展的浓积云往往会在较短时间内迅速发展为鬃积雨云，云体所过之处常伴有较强雷雨，乌云密布、电闪雷鸣、滂沱大雨等正是形容此种积雨云的形态和降雨状况。鬃积雨云未影响的区域，则继续保持多云或晴朗。

■ **积雨云消散** 拍摄时间不详，摄于北京海淀，拍摄者：郭恩铭

单体积雨云已逐渐趋于消散，云体显得不够浓厚，稍有松散。顺光的原因使得云底看起来也不太阴暗，降雨形成的雨幡已接地，使得云底与地面的界限变得模糊，被太阳照射的部位出现虹（内紫外红）。云体右侧仍然可见旺盛的对流发展，云砧前端有明显的卷云丝缕特征，积雨云主体的前方有积云性高积云。

单体积雨云下完急雨后一般很快消散，维持的时间较短，正所谓“急云易晴，慢雨不开”。

夏季傍晚的单体鬃积雨云，正趋于消散，云体并不厚重、高大，云底呈现明显的悬球状特征，好像很多气球高悬在空中，表明云内仍有强烈的上升、下沉气流运动。

出现悬球状云底的鬃积雨云通常预示将有急雨来临，但要注意观察完整的天空状况、云的移向和其所处的发展阶段。图中积雨云主体的相反方向，可见晴空，积雨云正逐渐远离拍摄者，并趋于消散，可预见未来的天空状况将转为多云。在积雨云移过的方向上，可能仍会有降雨。

■ **鬃积雨云（悬球状底部）** 1993 年 8 月 5 日 17 时 45 分，摄于北京西郊，拍摄方向：西南，拍摄者：郭恩铭

冷锋过境，锋后的鬃积雨云正由西往东北方向移动，云体宽大浓厚，处在天边，云顶冰晶结构明显，呈砧状。逆光使得云体呈暗黑色。

随天气系统（如冷锋系统）发展的积雨云往往沿着锋面移动，云体所到之处，通常“雷声隆隆，暴雨如注”，但未受天气系统影响的区域，则一般只见闪电或闻雷声。

■ **鬃积雨云** 1991 年 9 月 19 日 5 时 23 分，摄于辽宁绥中，拍摄方向：东北，拍摄者：宫福久、郭恩铭（引自《冰雹云图集》，1996 年）

名词解释

锋面（front）：亦称锋或锋区。密度（热力）不同的气团之间的狭窄过渡带。是风的水平气旋性切变最强，温度、湿度等气象要素水平梯度最大的区域。

气旋（cyclone）：即低压。占有三度空间的，在同高度（等压面）上，具有闭合等压（高）线，中心气压（高度）低于周围的大型涡旋。水平尺度在二三百千米到二三千千米之间。在北半球，气流作逆时针旋转。

■ **鬃积雨云** 1982年5月18日19时40分，摄于海南文昌，拍摄方向：西，拍摄者：郭恩铭

鬃积雨云远在天际，距离使得看不清楚云底，因逆光使云体显得发黑，但可见发展到天顶的云体呈现冰晶化、丝缕状的卷云特征，并发展成完整的鬃状。

判断这种云是否为积雨云的关键是：云体是否浑然一体，即云顶相对明亮的卷云部分与中下部相对暗黑的母体部分是否连在一起。

远在天边的积雨云是否会影响到拍摄者所处的区域，带来降雨等天气，与其出现的方位和时间关系较大。一般情况下，主导风上风方向出现的积雨云易影响至本地，午后的积雨云易继续发展。积雨云冰晶化云顶的延伸方向一般表示出高空的引导气流，可作为判断积雨云发展方向的参考。

■ **鬃积雨云** 1992年7月27日19时45分，摄于辽宁鞍山，拍摄方向：西，拍摄者：郭恩铭

傍晚时天边的鬃积雨云，由于太阳被遮住，使得云体呈暗黑色，云体庞大厚实，云顶已冰晶化成鬃状，其前沿已延伸至观测点上空，正向拍摄者所在方位发展。云顶（云体前沿）的卷云和中下部（母体）浑然一体，只在颜色上有差异，卷云部分略呈灰黑色，母体部分则呈暗黑色，且越近底部颜色越深，由于距离较远，看不到云底特征。

向观测者所在区域移动且仍在发展的积雨云，预示该区域可能出现阵雨或雷阵雨天气。

■ **鬃积雨云（滚轴状云底）** 1989年9月4日14时17分，摄于辽宁绥中，拍摄方向：西北，拍摄者：宫福久、郭恩铭（引自《冰雹云图集》，1996年）

鬃积雨云主体已移至天顶，云体底部阴暗，呈滚轴状，左侧的云底有明暗相间的起伏，右侧已有雨幡下垂而使云底模糊不清，雨幡已接地。

雨幡已接地的积雨云所过之处都会出现明显的降雨，且雨幡所在区域通常是强降雨区。图中右侧目前是强降雨区，可根据云体和雨幡的移向对未来短时的强降雨带进行预判。

■ **鬃积雨云** 1991年7月28日16时50分，摄于辽宁绥中，拍摄方向：东南，拍摄者：宫福久、郭恩铭（引自《冰雹云图集》，1996年）

鬃积雨云满布天空，母体呈暗黑色（图左中部），云砧向前伸展（图右下部），云底起伏不平，无明显的混乱状态，未见明显的悬球状，云砧伸展的天边明亮处可见淡积云，积雨云母体处的雨幡下垂，云底显得模糊，正在降雨。

积雨云遮盖天空，有雨幡且到达地面，积雨云移动路径上会出现阵性降雨，较强的降雨区一般在积雨云母体位置附近，雨量较大。外围的雨势则相对弱，雨量相对较小。

■ **鬃积雨云（悬球状云底）** 1987年8月29日16时30分，摄于北京西郊，拍摄方向：西南，拍摄者：郭恩铭

鬃积雨云已移至天顶，除了云底看不到云体的其他部分，云底阴暗混乱，在下沉和上升气流的共同作用下，出现了多个大小不同的云泡下垂，云泡悬球被阳光照射到的部位呈灰白色，其他地方呈灰黑色。

移至天顶的积雨云通常看不到云顶的卷云部分，而只见混乱的云底，并常见积雨云云底的典型特征——出现悬球状或滚轴状的云泡。

发展中的具有悬球状特征的积雨云，其前行移动方向上往往伴有强雷雨，即“悬球云，雷雨不停”。

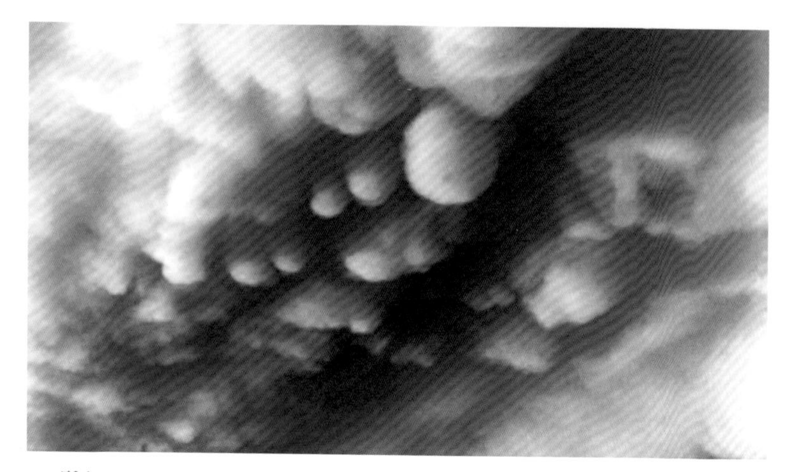

■ **鬃积雨云（悬球状云底）** 1986 年 10 月 1 日 17 时 55 分，摄于北京西郊，拍摄方向：北，拍摄者：郭恩铭

鬃积雨云覆盖天空，云底阴暗混乱，在云内强烈的对流作用下，形成一个个圆球形的云体下垂，好像倒悬的气球，也像许多梨子悬在云底，表现出积雨云的典型特征。

积雨云已满布全天，底部出现悬球特征，且越来越密集，通常表明积雨云仍在发展，往往在很短时间内可能出现雷雨天气。谚语有云，“天上云像梨，地上雨淋泥”。

■ **闪电** 1981 年 8 月 31 日 21 时，摄于北京海淀，拍摄者：郭恩铭

■ **鬃积雨云（混乱云底）** 1987 年 7 月 21 日 20 时 10 分，摄于辽宁虹螺山，拍摄方向：西北，拍摄者：郭恩铭

发展旺盛，母体已覆盖全天的积雨云。云体暗黑，遮天蔽日，云中上升和下沉气流非常猛烈，云体底部混乱的宛如滚滚海涛。

气象谚语“天上倒踩云，天下驶倒船”描述的就是图中的积雨云，云底乌云翻滚，往往伴随较猛烈的降雨，往往在很短的时间内就会形成明显的地表径流，应尽快寻找安全的避雷雨场所。

闪电和雷声是判断积雨云的重要参考，旺盛发展的积雨云通常伴随密集的雷电现象。图中闪电划过长空，映照出云底的碎雨云，闪电末端的积雨云为暗黑色。

碎雨云是云下湿度增大，乱流作用下水汽凝结形成的碎云。碎雨云通常和降雨相伴相生。

在充分释放能量（雷电、降雨）后，积雨云可演变成多种形态，单体一般趋于消散，云顶可演变为伪卷云，母体可演变为积云性的高积云和层积云。随天气系统发展的积雨云则通常演变为稳定性的云层，如雨层云或高层云。

发展旺盛的鬃积雨云，云体庞大高耸，由于逆光，云体显得浓黑，正由北向南移动。云顶冰晶化呈砧状，顺高空风向左侧倾斜，阳光映照下呈灰白色。云底水平，中部有雨幡下垂并接地，是较强的降雨带。

谚语“横云风，直云雨，云生胡子也有雨”是这种垂直发展旺盛、雨幡接地的写照。这种单体的积雨云所经之处常会带来短时雨强较大的降雨，未影响到的区域则保持多云或晴朗，积雨云在降雨后将快速消散，转为多云或晴天。

■ **鬃积雨云** 摄于安徽黄山，拍摄时间不详，拍摄者：安徽省气象局（引自《冰雹云图集》，1996 年）

积雨云云底的雨幡，因逆光而呈黄灰色。雨幡是雨滴在低空下降过程中形成的，图中的雨幡基本未到地面，表明低空非常干燥，雨滴在下落过程就已蒸发了。

判断积雨云是否会带来降雨等天气，要注意全天空的情况，以及当时的其他气象条件，如果只有单体的积雨云，且没有较好的水汽补充，可能在局地产生零星降雨后积雨云将消散。

■ **鬃积雨云（下有雨幡）** 1981 年 6 月 13 日 20 时 30 分，摄于西藏拉萨，拍摄方向：西，拍摄者：郭恩铭

■ **鬃积雨云（砧状云顶）** 1990年5月22日摄于新疆乌苏，拍摄方向：西北，拍摄者：施文全（引自《冰雹云图集》，1996年）

鬃积雨云的云顶已完全冰晶化，受高空风影响，呈砧状并往右侧扩展。因距离较远且顺光，云体看起来整体呈白色，未见阴暗的底部。图左有积云在发展。

图中积雨云的云砧部分正逐渐与母体脱离，脱离后将演变成伪卷云。积雨云母体部分将演变为积云性层积云、积云性高积云。消散过程中积雨云影响的区域内可能会有阵雨，未影响的区域将保持晴朗。

5. 卷云

卷云形成的原因多样，或由于高空对流而形成，往往带有积云的形状；或由于卷层云边缘展裂而成；或由于高积云抬升转化而成；或由于高积云所降雪幡残留空中而成。大都是由于高空有相当的对流和扰动作用而形成，这种对流只限于高空，与地面没有直接关系，例如由高空气流辐合或风随高度急剧变化而引起的对流。

卷云一般距地 6～12 千米，是对流层中云底高度最高的云。因此，它在早晨先被阳光照射，而傍晚最迟变暗，日出以前和日落以后，在阳光的反射下，卷云常呈鲜明的黄色或橙色。夜

■ **毛卷云** 1991 年 9 月 1 日 10 时 10 分，摄于辽宁绥中，拍摄方向：西南，拍摄者：郭恩铭

轻盈白亮的毛卷云，微呈片状，有卷曲和平直的丝缕结构，云丝分散，分布在蓝蓝的天空。

高空水汽含量很少时，即使对流和扰动作用很强，也只能形成薄而纤细的毛卷云，因此毛卷云单独出现常预示当地将是晴天，农谚“游丝天外飞，久晴便可期”。

如果毛卷云云量渐增，云丝逐渐加密增厚，可能发展成卷层云，则预示天气将有变化。

间的卷云呈黑灰色。

在5千米以上的高度上，气温很低且水汽很少，云由细小且稀疏的冰晶组成，故比较薄而透光性较好。卷云的云体洁白而亮泽，常具丝缕结构，丝缕常常是由冰晶下垂蒸发或风的垂直切变造成的。

由于高空风及卷云本身特征的影响，卷云的形态相当复杂，有时排列成带，横过天空；有时辐合在地平线某一点或相对两点（辐辏状）；有时和地平线成斜交。由于卷云较薄，阳光和月光可以轻易地通过，作用在冰晶上的光线产生许多奇妙的现象，如形成晕圈。

■ **毛卷云** 1999年6月20日6时20分，摄于辽宁鞍山，拍摄方向：东，拍摄者：张生利（引自《中国云图》，2004年）

如羽毛般的毛卷云，洁白的云丝如毛丝般分布在空中，似马尾飞扬，有明显的丝缕结构。在旭日东升的位置是密卷云。

不发展的毛卷云一般预示天气继续晴朗，天气谚语“天上细毛云，明天还是晴”指的就是毛卷云。

密卷云的云块厚密很不均匀，上部的云块较大，下边云块较小。云体呈白色，云块中部显得厚密，边缘的毛丝般结构清晰，零散分布在天空。

密卷云的形态复杂多变，通常较薄，有明显的丝缕结构。但当高空气层相当潮湿、对流和扰动作用很强时，形成的卷云就较厚，常融合成片，有时还有较为明显的积状云特征。

密卷云一般表示天气较稳定，多云或晴朗的天气将维持。但系统发展的密卷云（通常呈辐辏状）出现时，则预示未来天气将有变化。

■ **密卷云** 2000年8月10日14时10分，摄于北京颐和园，拍摄方向：东北，拍摄者：郭恩铭

刚脱离积雨云母体的伪卷云，云体白亮，随高空风往东北方向伸展，边缘有明显的毛丝般丝缕结构。

伪卷云是鬃积雨云衰退阶段，云的顶部脱离母体而成的，出现在雷雨天气的尾声。它的出现说明积雨云崩塌消散，受积雨云影响的区域将由降水天气转为多云或晴天。

■ **伪卷云** 2000年10月19日15时10分，摄于江西庐山，拍摄方向：西北，拍摄者：张蔷

钩卷云可看作毛卷云的特殊形态，其形态通常轻盈，云丝细而洁白，与毛卷云非常相似。钩卷云钩状的产生往往是由于冰晶云的下垂部分因高空风速有较大的垂直切变而使其远远地拖在首部的后方，下垂的冰晶云不断蒸发消失，形成像逗点状的钩卷云尾曳。

钩卷云出现时通常伴随高空风速的较大垂直切变，每当它系统地移入测站上空，并继续发展时，预示即将有天气系统影响，有可能出现阴雨天气，农谚“天上钩钩云，地上雨淋淋”“羊须云，掉了钩，有雨到明昼”，即指这种系统侵入的钩卷云对天气变化的预示作用。

但出现钩卷云并不表示必然有天气系统移入，如果钩卷云的云量未明显增多、形态也无明显的变化，则往往预示未来天气将继续晴朗。

所谓系统侵入，通常表现为两种形式：一种是云体呈辐辏状，以天际为轴心向天空辐射，并逐渐遮盖天空；另一种是云量增多，同时云状也随相应的天气系统逐渐演变，如冷锋系统下的卷云→卷层云→高层云→雨层云。

钩卷云的云丝细而洁白，高空风切变使右端呈钩状。钩卷云旁边有密卷云，云块洁白、有丝缕般光泽。

■ **钩卷云** 1987 年 7 月 22 日 10 时 10 分，摄于辽宁虹螺山，拍摄方向：西南，拍摄者：郭恩铭

夕照下高空中的钩卷云，呈金黄色，有毛丝般光泽，轻盈飞扬，云丝的右端有明显的钩状特征。图中下边有几片密卷云，正逐渐演变成钩卷云。

钩卷云不继续发展，量不增多，表示将持续晴好天气。

■ **钩卷云** 1991 年 9 月 10 日 20 时 45 分，摄于辽宁绥中，拍摄方向：西，拍摄者：郭恩铭

（二）层状云

层云、雨层云、高层云、卷层云是按云底高度从低到高排列的层状云。

层状云是均匀幕状的云幕，一般由稳定气层大范围缓慢斜升形成，云层均匀，范围广阔，常常绵延数百千米。

冷、暖锋上的上升运动、气流越山时的上升运动，或是水平辐合引起的大规模上升等，常常形成层状云，其中最为常见的是锋面云系，如冷锋、暖锋云系。

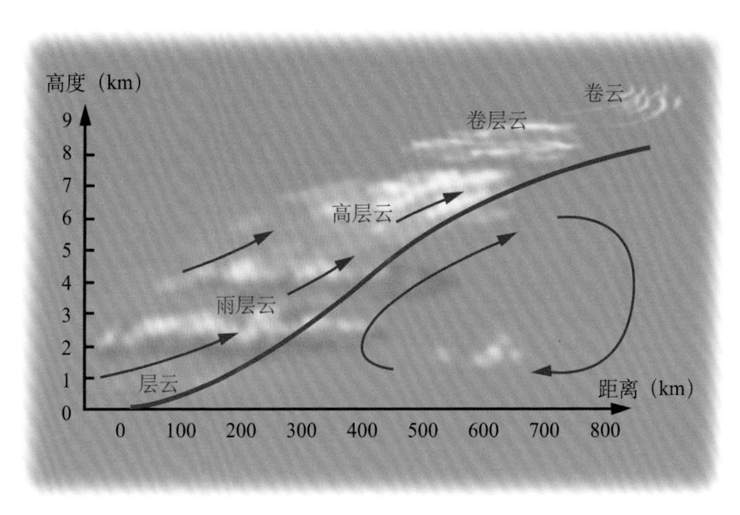

■ 层状云的形成（冷暖空气交锋区的层状云系）

1. 层云

层云由直径 5～30 微米的水滴或过冷水滴组成，云体均匀成层，呈灰色或灰白色，像雾，但云底不接触地面，有时会降毛毛雨或米雪。层云的厚度一般在 400～500 米，云高很低，仅几十至几百米，常能将小山或高建筑物的顶部掩没。

层云较厚时日、月光不能透过，云薄时日、月轮廓清晰可辨，好似白色玉盘。

层云通常由雾抬升或由层积云演变而来，故主要出现在多雾的季节。层云有明显的日变化特征，常生成于夜间，日出后气温逐渐升高，稳定层被破坏，中午逐渐消散。

■ **层云** 拍摄时间、地点不详，拍摄者：郭恩铭

层云布满全天，云层很厚，像帷幕盖过，云体均匀，云底不见起伏。层云呈暗灰色，正向陆地移来，云底很低，遮住了山顶，拍摄时正降毛毛雨。

层云通常预示未来天气将晴好，因层云多在夜间大气层结稳定的情况下产生，日出后因气温升高而随之消散，天气转晴。但如果层云维持较长时间不消散，甚至云层逐渐加厚，则天气将会转变。

层云有时会下毛毛雨，冬天偶尔会降米雪。

■ **层云** 1987年5月21日9时30分，摄于山东青岛，拍摄方向：东北，拍摄者：郭恩铭

海面大雾移到陆地抬升而形成的层云，云体均匀成层，呈灰色，云底很低，仅几十米，高楼的上部已被云层掩盖，模糊不清。

由海面移到陆地的雾一般是平流雾，只因底部抬升离开了地面形成了层云。当产生平流雾的条件不发生变化，也就是海雾不散时，层云将持续一定的时间。当风速增大或温度升高后，对平流雾形成抑制和破坏作用，天气将转为多云或晴天。

山麓河谷间（泥羊河南岸）由潮湿空气抬升而形成层云，在太阳辐射的影响下，进一步沿山坡抬升演变为碎层云。碎层云呈灰白色，漫无定形地沿着山坡上升并逐渐消散。高空分布着高积云。

图中的碎层云是层云消散过程中形成，在此之前层云由雾抬升形成。“早雾晴，晚雾雨”，晨雾一般指辐射雾，辐射雾通常在日出后会很快消散，天气转为晴朗或多云。

■ **碎层云** 1981年7月14日8时15分，摄于西藏林芝，拍摄方向：西南，拍摄者：郭恩铭

夜雨过后，出现浓雾，浓雾抬升而形成层云。拍摄时层云正由南向北移动，云体灰白，云底均匀，已遮住山顶。

辐射雾形成的层云随着温度的逐渐升高，将趋于消散，天气转为晴朗或多云。

■ **层云** 1981年7月14日6时14分，摄于西藏林芝，拍摄方向：西北，拍摄者：郭恩铭

2. 高层云

高层云的厚度多在1500～3500米，由于云层厚度不一，各部分的明暗程度也就不同，云底部常出现条纹结构，但是没有显著的起伏。高层云的云底高度通常在2500～4500米，但由卷层云刚演变为高层云时，云底高度可能达到6000米。

高层云多由直径5～20微米的水滴、过冷水滴和冰晶、雪晶（柱状、六角形、片状等）混合组成。可降连续或间歇性的雨、雪。若有少数雨（雪）幡下垂时，云底的条纹结构仍可分辨。

浅灰色云幕的透光高层云，云层较薄，可透过云层看到太阳模糊的轮廓，好像隔了一层毛玻璃，没有“晕”。图中透光高层云的厚度比较均匀，已布满全天，隐约可见云底的条纹，有轻微的明暗变化。

■ **透光高层云** 1981年5月1日15时10分，摄于北京西郊，拍摄方向：西南，拍摄者：郭恩铭

全天的蔽光高层云，云底距地面较高，没有雨层云或积雨云的压迫感。云层较厚，呈灰色，均匀成云幕。太阳被云体遮盖，辨不清其位置，地上物体没有阴影。高层云下面有几块暗灰色的高积云。地面远处有薄层轻雾。

■ **蔽光高层云** 1987年5月30日6时10分，摄于北京香山，拍摄方向：东南，拍摄者：郭恩铭

高层云通常都会带来降水，降水现象持续的时间和降水量的大小与高层云演变前、后的云状都有较大的关系。

由卷层云或高积云演变的高层云，一般较薄（透光高层云），多间歇性的降水，降水量较小；如高层云进一步发展，可能演变为雨层云，将会带来连绵性的阴雨、雪天气；如高层云不再发展，可能演变为高积云或层积云，天气将转为阴天或多云。

由积雨云或雨层云演变的高层云较厚（蔽光高层云），降水时间相对较长，降水量也较多，但这种演变通常也表示降雨将趋于平稳或减弱，如果高层云进一步演变为高积云或层积云，降水天气将逐渐停止。

高层云在演变的过程中以阴天为主，可能伴有降水。

蔽光高层云一般伴有雨、雪等现象，这种大范围的云层如果是由透光高层云加厚形成，则降水开始后往往会连绵不绝，持续较长的时间。如果它是由雨层云演变而成，则云层可能会进一步变薄转为透光高层云，或者转为波状云（高积云、层积云），天气情况也将逐渐由降水转为多云。

3. 雨层云

雨层云是由潮湿空气系统滑升，绝热冷却而形成的。常出现在暖锋云系中，有时也出现在其他天气系统中。

雨层云的云体均匀成层，常为暗灰色，云层很厚，一般厚度为 3000～6000 米，中下部由水滴和过冷水滴组成，北方和高原地区的雨层云中部由过冷水滴、冰晶和雪晶组成。雨层云云底高度通常在 600～2000 米，刚由高层云演变而来时，云底一般较高。

雨层云覆盖范围很大，布满全天，常有连续性降水。雨层云一年四季均可出现，但最多出现在多雨的夏季。北方冬季降雪，高原地区夏季也常出现降雪。

雨层云多数由高层云演变而成，有时也可由积雨云、蔽光层积云演变而成。

海上的雨层云，布满全天，云层很厚，云底较低，云体呈灰色。云层下部的白色是降雨形成的雨带。

雨层云出现在大范围的天气系统中，多由积雨云或高层云演变而成，有时蔽光层积云也会转为雨层云，往往会形成长时间的连续雨、雪等现象。天气谚语“天上灰布云，雨丝定连绵”，描述了雨层云降水现象持续时间很长的特点。

■ **雨层云** 拍摄时间、地点不详，拍摄者：郭恩铭

■ **雨层云** 拍摄时间不详，摄于山东青岛，拍摄者：郭恩铭

雨层云布满全天，云体均匀，呈暗灰色，云底较低。降雨使得云底模糊，水平能见度较差，远处景物模糊不清。

雨层云通常由积雨云、高层云或蔽光层积云演变形成。由积雨云演变的雨层云，云底由混乱转为均匀幕状，降水由急促多变转为均匀平缓，云高变化不大。由高层云或蔽光层积云演变形成的雨层云云底明显下降，云底均匀，降水更加明显。

无论雨层云如何演变而来，出现雨层云一般预示阴雨现象还将持续一段时间。

■ **雨层云和碎雨云** 1985年7月21日15时10分，摄于辽宁虹螺山，拍摄方向：东北，拍摄者：郭恩铭

暗灰色的雨层云布满全天，由东南向西北方向移动，云层很厚，云层已遮盖山头，山上出现降雨。

雨层云下有碎雨云，云体破碎，形状多变，移动较快，呈灰色或暗灰色。碎雨云的高度很低，实况观测有100米左右的记录。

碎雨云是附属云，常出现在降水时或降水前后的降水云层之下，如雨层云、积雨云、高层云、层积云等。

出现碎雨云并不表示降水现象一定持续，主要还是看造成碎雨云产生的上一层云的类型。积雨云、雨层云下的碎雨云通常较多，“满天飞乱云，雨雪下不停”的谚语一般是指这些云下的碎雨云。

■ **雨层云和碎雨云** 1982年5月14日8时10分，摄于海南海口，拍摄方向：南，拍摄者：郭恩铭

暗灰色的雨层云，布满全天，云层很厚。底层是漫无定形的碎雨云，正在下雨。

雨层云满布全天，降水一般会持续。

当雨层云整体抬升演变为高层云或波动演变为层积云后，降水才会逐渐停止，进而转为阴天或多云天气。

4. 卷层云

卷层云是白色透明的云幕，云体比较均匀，有丝缕结构，但薄幕卷层云有时不易看出云的组织结构。薄的卷层云日、月轮廓清晰，厚的卷层云只可见模糊的日、月位置。

卷层云由冰晶组成，云底高度一般为4500～8000米，但冬季在我国北方和西部高原地区，有时可低至2000米以下。

■ **薄幕卷层云** 1981年6月23日9时30分，摄于西藏日喀则，拍摄方向：东南，拍摄者：郭恩铭

薄幕卷层云，布满天空，毛丝状结构不明显，易误认为没有云。阳光经过云中的冰晶折射形成22°晕圈，从而确定有卷层云存在。图中晕圈明显，色带排列内红外紫。

相较毛卷层云，薄幕卷层云出现的相对少，保持的时间也不长，通常很快转为毛卷云或密卷云，转为卷云后如不再发展，天气将保持晴朗。

■ **毛卷层云** 1982年5月27日18时10分，摄于海南珊瑚岛，拍摄方向：西，拍摄者：郭恩铭

毛卷层云系统移至测站上空，云体厚薄很不均匀，云层较薄的地方可见太阳，云层较厚的部位呈灰色。云体丝缕结构明显，地上物体有影。图中下部有几块碎积云。

毛卷层云常出现在大范围的天气系统中，当卷层云布满全天，逐渐增厚，继续发展，则预示将有天气系统影响。继卷层云后，云底逐渐下降，往往是高层云、雨层云接踵而至，这种卷层云常是阴雨大风天气的征兆，故有“日晕三更雨，月晕午时风”的农谚。

如卷层云未呈辐辏状发展；或云量虽占满全天，但云体密实程度基本无变化；或云量总是不能占满全天甚至逐渐减少，则表示卷层云不是系统发展的，未来将继续保持多云间晴的天气。

（三）波状云

层积云、高积云、卷积云是不同高度上的波状云。

波状云，顾名思义，是一种波浪起伏的云层。由于大气中存在着空气密度和气流速度的不连续，或是气流越山时的波动形成了气流前行的高低起伏——在波峰处空气上升，波谷处气流下沉——若达到了水汽凝结的条件，波峰处的空气会因绝热冷却而凝结（或凝华），波谷处的下沉增温则使云蒸发变薄消散，形成波浪状的云条或云层。当有不同方向的波动时，相互干涉还会使云条分裂，形成成行、成列的壮观景象。

■ 波状云形成示意

1. 普通波状云

卷积云，透光、蔽光和积云性的层积云、高积云都属于普通波状云。

层积云是成条、成片或成团的灰色或灰白色的云块，常成群、成行或成波状排列。层积云全年均可出现，在夏季居多；一日中层积云主要出现在早、晚，午后较少。

层积云多由直径 5～40 微米的水滴组成，在冬季和高原地区由过冷水滴、冰晶和雪晶组成。厚度在 100～2000 米，云底高度通常在 600～2500 米，当低层水汽充沛时，云底高度可在 600 米以下；在个别地区有时高达 3500 米左右。

层积云在一般天气条件下，是由大气中出现波状运动和乱流混合作用使水汽凝结而形成的；有时是由局地辐射冷却而形成。

高积云是在高空逆温层下，冷空气处于饱和条件而形成。高积云的云块较层积云小一些，全年均可出现，出现时一般表示天气晴好。

高积云主要由微小水滴组成，有时也有过冷水滴或冰晶混合组成。云底高度变化很大，一般在 2500 米以上，在我国南方的夏季，有时可高达 8000 米左右。

卷积云由高空大气层结不稳定产生波动作用而形成。

■ **透光层积云** 1980年1月14日17时30分，摄于贵州桐林，拍摄方向：西，拍摄者：郭恩铭

透光层积云，云块呈长条状排列整齐，云块个体较大，视宽度角多数大于5°。云块呈灰白色（太阳照耀之处）或暗灰色。云块间有缝隙，透过云隙可见蓝天。

出现透光层积云时，通常天气系统比较稳定，如果云量不增多至布满全天，或与积云同在但云底基本在同一高度，一般预示天气将转为晴好。

如果层积云由透光逐渐融合为蔽光，或伴有云底不在同一高度上的积云，且积云在发展，都预示天气将转差，未来可能转为阴天，甚至出现降水天气。

■ **蔽光层积云** 拍摄时间不详，摄于辽宁绥中，拍摄者：郭恩铭

蔽光层积云布满全天，连续的云层成波状排列，云间无缝隙，不见蓝天。云底有较明显的波状起伏，云层颜色深的呈深蓝色，浅的呈灰白色。拍摄时有零星小雨。

由透光层积云融合或蔽光高积云高度下降形成的蔽光层积云，可能带来较明显的降水天气。

由雨层云演变成的蔽光层积云，通常预示降水天气将减弱，并趋于结束。云天状况将逐渐由阴雨天转为多云天。

积云平衍、扩展而形成的积云性层积云，云块较大，多数视宽度角大于5°。云块多呈长条形，中间向上的凸起仍保持积云的特征。在朝阳映照下云块呈黑灰色，并出现光芒四射的霞光。高空有分散的小块高积云。

积云性层积云表示空中的对流减弱，天气趋向稳定，是天气将转为晴好的征兆。

由积雨云消散形成的积云性层积云有时仍会带来少量的阵性降水，形成“太阳雨”，雨量一般不大。

■ **积云性层积云** 1999年6月24日6时30分，摄于辽宁鞍山，拍摄方向：东，拍摄者：郭恩铭

傍晚的透光高积云，在晚霞映照下，形成壮观的“火烧云”。云块个体明显，大小不一，厚薄不均，透过云隙可见蓝天。云块呈条带状排列，密集的地方呈深红色，云薄或边缘的部分颜色明亮。

非系统性发展的透光高积云（不是辐辏状），常出现在大气层结稳定少变的天气里，云块比较稳定，变化较小，一般是晴天的象征。农谚“瓦块云，晒煞人”“天上鲤鱼斑，晒谷不用翻”，即指这种高积云出现后，将为晴好天气。

■ **透光高积云** 2000年5月7日18时40分，摄于辽宁大连，拍摄方向：西北，拍摄者：李光亮（引自《中国云图》，2004年）

■ **透光高积云（系统发展）** 1981年2月16日8时，摄于江西庐山，拍摄方向：东，拍摄者：郭恩铭

透光高积云云块不大，视宽度角多数在1°~5°，云块轮廓分明，云隙之间可见蓝天。云块呈灰白色。云块波状排列，呈辐辏状进入测站上空。

辐辏状发展的透光高积云一般预示有天气系统将影响测站区域，云层将逐渐增厚加密，演变为蔽光高积云或高层云，之后可能带来降水天气。

■ **蔽光高积云** 1987年12月16日8时15分，摄于四川成都，拍摄方向：西南，拍摄者：郭恩铭

蔽光高积云布满全天，呈暗灰色，云底的云块个体仍可分辨，呈波状排列，云体有明显的明暗相间，没有云隙，不见日、月位置。

当蔽光高积云是由系统发展的透光高积云融合而成时，常进一步演变转为高层云，并可能带来降水天气。

非系统发展的蔽光高积云或者由高层云、蔽光层积云演变而来的蔽光高积云，通常预示云层将趋于消散，天气将逐渐转为多云或晴天。

■ **积云性高积云** 1981年7月19日10时20分，摄于西藏拉萨，拍摄方向：西北，拍摄者：郭恩铭

积云性高积云分布在天空，云块呈条状排列，云底似波浪起伏，透过云隙可见蓝天。云块个体大小不一，视宽度角大多在1°～5°。云块呈灰白色，顶部呈白色，仍向上凸起，有明显的积云特征。

积云性高积云一般是积雨云崩塌分解时，云体中部演变而成；或是浓积云在发展过程中遇到稳定层，云顶沿逆温层水平扩展，底部逐渐消散而形成。它的出现，预示着天气逐渐趋于稳定，是天气将转为晴好的征兆。

■ **积云性层积云和高积云** 1979年8月25日19时30分，摄于北京西郊，拍摄方向：西，拍摄者：郭恩铭

夕阳下的层积云和高积云。云块大小不一，低空的长条形云块是积云衰退形成的积云性层积云，高空是云块大小不同的积云性高积云。云块的中间都有凸起的积云特征。层积云呈暗灰色，高积云的中部凸起呈灰白色，天边的云块呈黄红色。层积云云块。高积云云块边缘有些零散，云底有幡下垂。

没有系统性天气时，一般傍晚的对流将显著减弱，积云演变为积云性的层积云和高积云，云块将继续消散，预示天气将转为晴好。

卷积云，云块似鳞片大小，多数云块视宽度角小于1°。云块排列成行，呈白色，有卷云的柔丝光泽，分布在天空。

卷积云经常是由高空大气层结不稳定产生波动作用而形成，当其与卷云或卷层云相互影响、系统发展时，通常预示该区域将有不稳定的天气系统影响，未来可能出现阴雨、大风天气。农谚“鱼鳞天，不雨也风颠”即指这样的云天。

高积云或卷层云消散形成的卷积云则往往预示晴天。

■ **卷积云** 2001年6月15日7时10分，摄于北京紫竹院，拍摄方向：东南，拍摄者：郭恩铭

2. 特殊波状云：荚状

在局部升降气流汇合之处，上升气流因绝热冷却形成云，遇到上方下沉气流阻挡时，云体不仅不能继续向上升展，其边缘部分因下沉气流增温，使云滴蒸发变薄，云体呈现出荚状。

■ **荚状高积云** 2000 年 4 月 10 日 10 时 10 分，摄于北京紫竹院，拍摄方向：西南，拍摄者：郭恩铭

荚状高积云垂直排列在空中，云块两头尖、中间宽，呈椭圆形。最上方的云体较长，下边的云体较短。云块轮廓分明，云体呈白色，最下边的云底呈暗灰色。

荚状层积云和荚状高积云主要通过云体大小而不是云底高度区别，视宽度角大于 5° 的是层积云，视宽度角在 1°～5° 的是高积云。

晴空下孤立出现的荚状云一般预示晴好天气将持续。

荚状云常生成于冷锋前后或山地。荚状云孤立出现，无其他云系配合时，多预示晴天。

■ **荚状高积云** 摄于北京紫竹院，拍摄方向：西南，拍摄时间不详，拍摄者：郭恩铭

荚状高积云，个体分明，中间略厚、两端尖细，呈长条豆荚状。云底高度并不太高，视宽度角不足5°，最下方的云块呈暗灰色，其他云块呈白色。

冷锋前后出现的荚状云常预示有天气系统发展，将会有降水天气，故有“豆荚云，天将雨”的说法。此种情况的荚状云常与其他云类同时存在。

荚状云一般有较强的地域性，山区出现荚状云的情况较多。当荚状云孤立出现，一般表示未来将是连续晴天。

3. 特殊波状云：堡状

堡状云是波状云的一种表现形态。堡状云一般形成于逆温层底部，受逆温层抑制作用不能向上发展，如果逆温层不太厚，下面的空气又十分不稳定，就可能在波状云中间某些释放凝结潜热特别多的地方，空气受热强烈上升，突破逆温层向上发展，形成堡垒状的凸起。这种云的出现说明中空有较强的不稳定能量，如果配合较好的水汽等条件，往往预示会有雷雨天气。

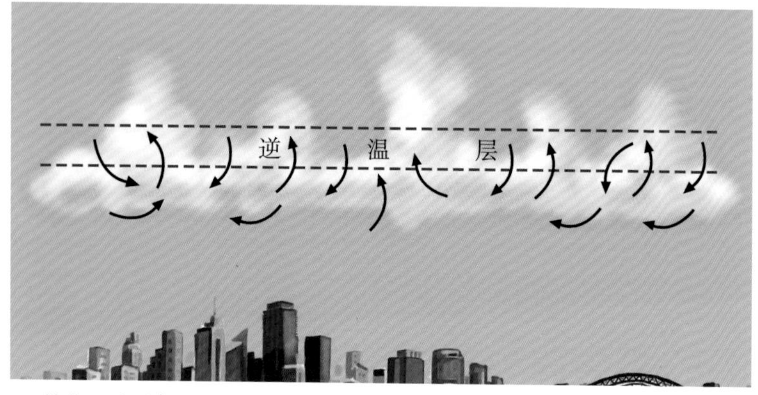

■ 堡状云的形成

■ **堡状层积云** 1990 年 9 月 15 日 9 时 15 分，摄于辽宁绥中，拍摄方向：西北，拍摄者：马德明（引自《中国云图》，2004 年）

■ **堡状高积云** 1986年9月8日6时50分，摄于北京海淀，拍摄方向：东北，拍摄者：郭恩铭

高积云分散在高空，上层是透光高积云，下层长条状有凸起的是堡状高积云。远看堡状高积云的云底在一条水平线上，云条中有几处明显的凸起，呈堡垒状。

堡状云是局部地区有较强的上升气流突破稳定气层之后，又继续发展而形成的。如果当地水汽条件较好，垂直气流继续增强，将有利于积雨云发展，预示当地将有雷阵雨天气。谚语“天上起了炮台云，不过三日雨淋淋”即指堡状云。

堡状云因其较强的指示含义而被格外重视，但并不表示出现堡状云就必然有雷雨天气，这种云的出现表明中空具有较强不稳定能量，至于是否会演变为雷雨天气，还需要看水汽等其他条件是否具备。

层积云成条状，中部较厚，呈深灰色，远处层积云云底较平，呈白色，上部凸起数个云泡，即堡状层积云。空中还分布着卷云和高积云。

堡状层积云的堡垒状是由于层积云内的上升气流穿过云顶逆温层后而形成，这种特殊的外形反映出层积云所在高度的气层是不稳定的，如果对流继续增强，配合较好的水汽等条件时，往往预示有积雨云发展，甚至产生雷阵雨天气。农谚“城堡云，淋死人”就是指堡状云的这种指示意义。

堡状云的出现并不表示一定会带来雷雨天气，还需要水汽等条件的配合，但它反映了云块所在高度上具有较强的不稳定能量，在进行天气预判时应加强关注。

4. 特殊波状云：絮状

絮状高积云是高空潮湿气层很不稳定、有强乱流混合作用而形成的。有的地区出现这种云，预示将有雷雨天气，“朝有破絮云，午后雷雨临”即指这种有较强指示性意义的云。

絮状高积云云块大小不匀，边缘散乱，像破碎的棉絮团。云块呈白色或灰白色，排列不齐，云高很不一致，分散在高空。

絮状高积云的出现，说明中空有较强的乱流和潮湿不稳定气层，常常预示有积雨云发展，甚至出现雷阵雨天气。故有“云似棉絮，雨似汗流”“朝有破絮云，午后雷雨临”的说法。

絮状云有较强的指示性意义，因为它反映了中空较强的不稳定能量。但其出现并不表示必然带来雷雨天气，也需要具备水汽等条件，只是当观测到絮状云时，应注意加强中小尺度天气的监测和分析。

■ **絮状高积云** 2000 年 9 月 20 日 10 时 50 分，摄于北京紫竹院，拍摄方向：北，拍摄者：郭恩铭。

■ **混乱天空的高积云** 2016年7月27日5时46分，摄于北京海淀，拍摄方向：东北，拍摄者：伍永学

不同的高积云同时出现在天空。图下部两条水平长条状、中间有明显凸起的是堡状高积云。右侧有两层高积云，下层的是透光高积云，云块轮廓分明，呈波状排列，正逐渐抬升；上层的是絮状高积云，云块破碎，分散在天空，变化较快。

这种混乱云天的出现，表示中空气层非常不稳定，有较强的乱流，有利于对流的发展，一般预示将出现雷阵雨，应特别关注中小尺度的天气系统。农谚“乱交云，雨将临”和“乱云天顶绞，风雨来不少”即指这种混乱的云天。

（四）云滴与固态降水现象形态

1. 云滴

云滴是云中的众多不同尺度的小水滴。云滴为球形小水滴，直径为几个微米至 200 微米，绝大多数直径小于 60 微米，下落末速度一般为 0.1～10 厘米 / 秒，因此能长时间漂浮在大气中而不显著沉降。下图中所示的是积云的云滴，大的云滴直径为 40 微米，小的云滴直径为 7.5 微米。

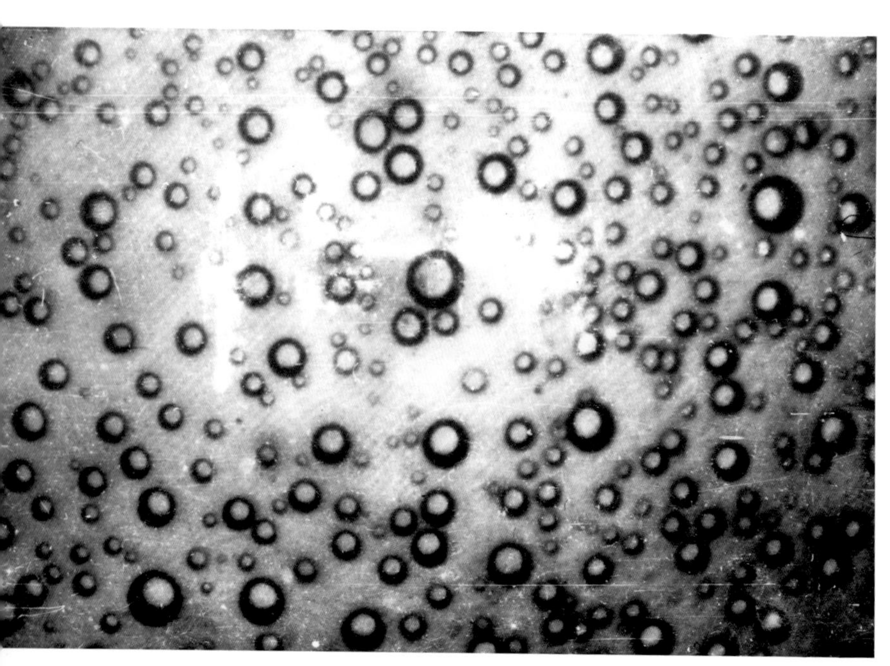

■ **云滴** 拍摄于江西庐山，拍摄者：郭恩铭、陈越华（引自《中国云图》，2004 年）

2. 冰晶和雪晶

冰晶和雪晶属于固态降水，为白色不透明的晶体。冰晶一般是过冷却水滴或过饱和水汽通过冰核作用冻结或凝华而成。雪晶是云中冰晶凝华增长而成的，从空中降落到地面组成雪。

在云物理中，有时用直径大小区别冰晶和雪晶，直径小于300 微米的是冰晶，直径大于300 微米的是雪晶。冰晶和雪晶的形态多样，随着环境温度和水汽条件的变化，可以长成很复杂的形状。

下图是庐山云雾站观测的冬季层状云降雪的冰晶和雪晶。图中左上为枝星状，右上为碰合的枝星状，左下和右下为星状。

■ **冰晶和雪晶** 拍摄于江西庐山，拍摄者：陈越华（引自《中国云图》，2004 年）

3. 冰粒

冰粒，直径小于 5 毫米的透明或半透明的丸状或不规则状的冰粒子组成的较硬的固态降水。落地时有沙沙声，遇硬地面一般会反跳。

冰粒有两种，一种是冻结的雨滴或者大部分融化以后再冻结的雪团，内部往往还有未冻结的水，碰破后剩下破碎的冰壳；另一种是包在薄冰壳里的霰，冰壳是在云中降落过程中冻结或积雨云的中上部负温度区冻结而成。冰粒常呈间歇性下降。

下图中的冰粒直径为 1～3 毫米。

■ **冰粒** 拍摄于江西庐山，拍摄者：郭恩铭

4. 霰

霰是白色不透明的圆锥形或球形的颗粒固态降水，直径2～5毫米。

霰产生于扰动强烈的云中，由雪晶（或雪团）大量地碰撞过冷水滴，使之冻结并合而成，下降时常呈阵性，着硬面常反跳，松脆易碎。

霰通常在地面气温不太冷时降落，常见于降雪前或与雪同时下降。

下图中的霰是由枝星状雪晶淞附大量过冷水滴而形成。

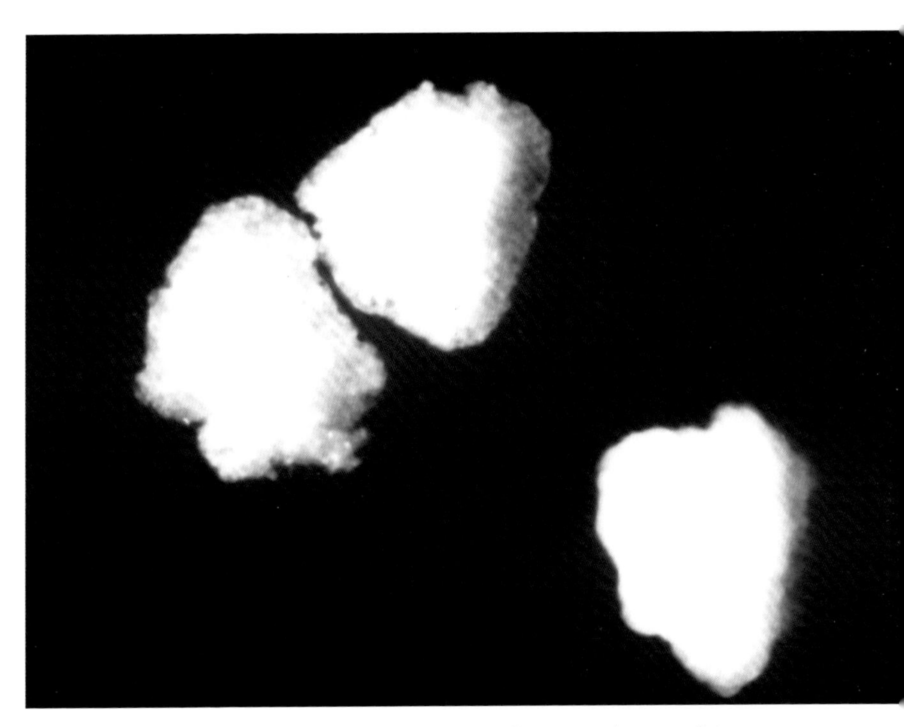

■ **霰** 拍摄于江西庐山，拍摄者：陈越华（引自《中国云图》，2004年）

5. 冰雹

冰雹是坚硬的球状、锥状或形态不规则的固态降水。一般从积雨云中降下，常伴随雷暴出现。

冰雹的生长中心叫作雹胚或雹核，常为白色不透明，外面包有透明的冰层，或由透明的冰层与不透明的冰层相间组成，一般达 4～5 层，最多可达 20 多层。冰雹的大小差异大，大的直径可达数十毫米。

下图中是从积雨云中降落的冰雹。冰雹形状各异，有白色不透明的，也有透明和半透明的。有以霰为雹核的冰雹，也有以冰粒（冻滴）为雹核的冰雹。

■ **冰雹** 1982 年 6 月 22 日 17 时 50 分，摄于北京西郊，拍摄者：郭恩铭

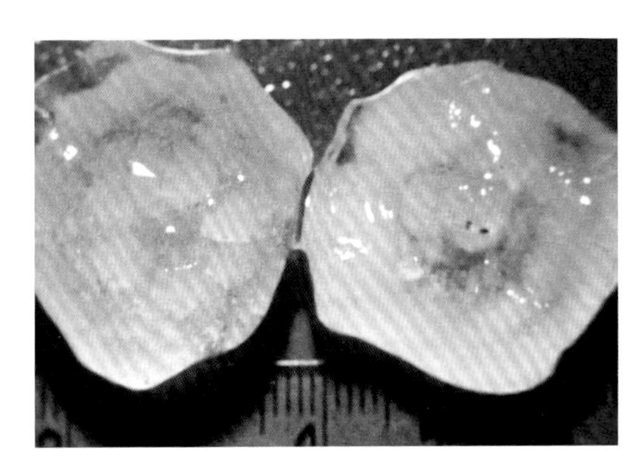

■ **冰雹** 1982年7月14日19时50分，摄于北京西郊，拍摄者：郭恩铭

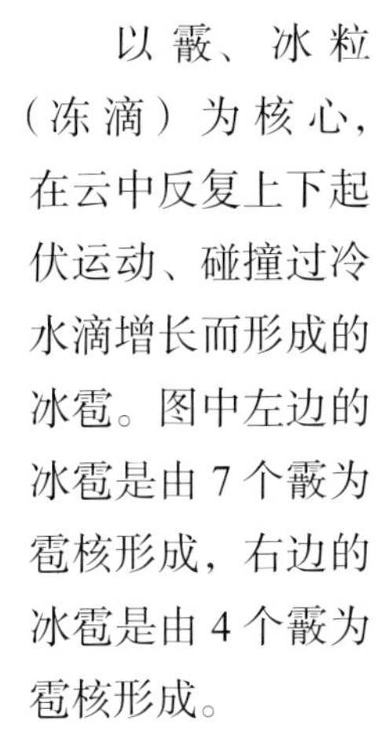

以霰、冰粒（冻滴）为核心，在云中反复上下起伏运动、碰撞过冷水滴增长而形成的冰雹。图中左边的冰雹是由7个霰为雹核形成，右边的冰雹是由4个霰为雹核形成。

■ **冰雹** 1990年6月28日4时50分，摄于辽宁绥中，拍摄者：马德明、郭恩铭（引自《冰雹云图集》，1996年）

绥中王家店乡夜间出现降雹，冰雹直径较大，经过10小时之后直径仍有1～2厘米。降雹对农业、林业造成严重灾害。

（五）相似云的比较

1. 卷积云（Cc）与高积云（Ac）

两图中主要是小的波状排列的云块，上图左上方和中部的云块较大，易误判为高积云，下图右侧边缘区域的云块较小，易误认为是卷积云。

两图比较，上图的云块在同一高度上，因卷积云由密卷云演变而成，云块边缘有明显的丝缕结构，云块呈白色，无暗影。下图的云块高度基本一致，虽然大小不一，边缘区域的云块较小，但总体看云块的边缘较光滑，多数云块的视宽度角大于1°，云块无丝缕结构，左侧云块中部有明显的暗影。此外，可以通过伴见的现象区别，高积云会出现华，卷积云不会出现华。

■ **卷积云** 1987年7月25日9时20分，摄于辽宁锦西，拍摄方向：西，拍摄者：郭恩铭

■ **高积云** 拍摄时间、地点不详，拍摄者：郭恩铭

2. 高积云（Ac）与层积云（Sc）

■ **透光高积云** 1992年6月20日7时20分，摄于北京西郊，拍摄方向：东，拍摄者：郭恩铭

■ **透光层积云** 1986年6月14日10时20分，摄于北京西郊，拍摄方向：东北，拍摄者：郭恩铭

两图中都是透光的波状云，均成波状排列，云层厚薄不均，厚的部分颜色阴暗，云间都有缝隙，云隙处薄且明亮，此时层积云的云底较高或高积云的云底较低时，极易混淆。

区分这两种云首先考虑的是视宽度角，在地平线30°以上，如果天空中的云块视宽度角多数为1°～5°即为高积云，如果视宽度角多数大于5°则为层积云；其次是云块的结构，云块结构更为紧密、光滑的一般是高积云，结构比较松散的一般是层积云。下图的云块结构较上图松散，云块的大小也更大，此外，还可以通过云的连续观测把握云状演变过程中特征的变化来判断。

■ **蔽光高积云** 1984 年 10 月 20 日 11 时 15 分，摄于北京西郊，拍摄方向：西北，拍摄者：郭恩铭

■ **蔽光层积云** 1997 年 6 月 16 日 14 时 20 分，摄于广西桂林，拍摄方向：东南，拍摄者：郭恩铭

两图中的云都布满全天，云底成波状排列，不太能确定太阳的位置，极易混淆。

首先还是考虑云块的视宽度角，在地平线 30° 以上，可以看出下图的云块明显大一些，起伏也更大，上图组成云条的云块则较下图明显更密集。云高也是辅助判别的参考，一般地，认为云底高于 2500 米的云是中云族（即为高积云）。

3. 卷层云（Cs）与透光高层云（As tra）

■ **毛卷层云** 1971 年 1 月 6 日 8 时 30 分，摄于北京，拍摄方向：东南，拍摄者：郭恩铭

■ **透光高层云** 2001 年 4 月 20 日 11 时 10 分，摄于北京颐和园，拍摄方向：东南，拍摄者：郭恩铭

两图中的云基本布满全天，透过云层都可见太阳轮廓，云层都呈灰色。

比较来看，上图的云层还未布满全天，整个云层不太均匀，太阳的轮廓比较明晰，下图虽然也可辨太阳的位置，但轮廓不够清晰；上图的云层结构中带有丝缕状结构，下图的云幕比较均匀，没有丝缕特征。此外，还可以通过伴见的现象区别，卷层云常出现晕，高层云不会出现晕；透过薄的卷层云，能看到地面物体有影子，而再薄的高层云都不会使地面物体有影；高层云常伴有降水，卷层云极少有降水。

4. 蔽光高层云（As op）与雨层云（Ns）

两图中的云层都布满全天，都是均匀的云幕，颜色相近，看不清太阳的位置。

比较来看，上图云底的阴暗程度不如下图，上图的云底还能看到隐约的条纹，下图的云底则比较模糊，没有明显的边界；上图的云层下面有几块暗灰色的高积云，雨层云下不会有高积云，起到辅助判断的作用。此外，可以通过伴见的现象区别，雨层云的降水量更大，多为连续性，高层云的降水则多为间歇性，量也较小。

■ **蔽光高层云** 1987年5月30日6时10分，摄于北京香山，拍摄方向：东南，拍摄者：郭恩铭

■ **雨层云** 拍摄时间不详，摄于山东青岛，拍摄者：郭恩铭

5. 雨层云（Ns）与层云（St）

■ **雨层云** 1982 年 8 月 27 日 10 时 20 分，摄于内蒙古呼和浩特，拍摄方向：东北，拍摄者：郭恩铭

■ **层云** 1981 年 7 月 14 日 6 时 14 分，摄于西藏林芝，拍摄方向：西北，拍摄者：郭恩铭

两图中的云都布满全天，云高很低，颜色呈暗灰色。

比较来看，上图的云层颜色更暗一些，云底高度比下图要高一些，下图已经遮盖了山顶，一般层云才会有如此低的云高；此外，可以通过云的形成特征判断，层云一般由雾抬升或直接生成，生成前一般没有其他中低云存在，而雨层云通常是系统演变而来，出现前几乎总是先有别的云（一般是中云）存在；还可以通过伴见的现象区分，层云降毛毛雨或米雪，雨层云则一般降连续性的雨或雪，云下常有幡及碎雨云；透光程度也可以作为辅助，薄的层云可见日、月轮廓，雨层云则完全不见日、月轮廓。

6. 雨层云（Ns）与蔽光层积云（Sc op）

两图中的云都布满全天，云层较厚也较低，呈暗灰色，都可能带来降水天气。

比较来看，下图的云底有明显的块状或波纹起伏，云底明暗相间，而上图的云底没有碎雨云的地方比较均匀。蔽光的层积云有时能融合演变为雨层云，记为雨层云的条件是云底块状起伏完全消失，或降水使得云底已经没有截然的界限，否则仍记为蔽光层积云。

■ **雨层云**　2000年4月25日10时10分，摄于安徽阜阳，拍摄方向：东，拍摄者：王俊侠（引自《中国云图》，2004年）

■ **蔽光层积云**　1982年6月5日10时10分，摄于广东肇庆，拍摄方向：东南，拍摄者：郭恩铭

7. 雨层云（Ns）与满天积雨云（Cb）

■ **雨层云** 1982年5月14日8时10分，摄于海南海口，拍摄方向：南，拍摄者：郭恩铭

■ **积雨云** 1991年7月28日16时50分，摄于辽宁绥中，拍摄方向：东南，拍摄者：宫福久、郭恩铭（引自《冰雹云图集》，1996年）

两图中的云都布满全天，云体厚重阴暗，下图的云底无明显的混乱状态，未见明显的悬球状，上图的云底有碎雨云的部分看起来也有一些起伏。

比较来看，下图的云底明暗程度要大一些，天边还比较明亮，上图的天空亮度视觉比较均一。此外，可以通过伴见的现象区别，积雨云一般有闪电、雷暴，降水呈阵性特征，雨层云则多降连续性雨雪，一般没有雷电现象。

有时天空一直是雨层云，并伴有连续性的雨，但突然远方闻雷，而当地整个云层与降水性质均无变化，这是暖锋云系（或缓行冷锋云系）上产生的局部不稳定现象，此时云状按实际情况记载，或全部记雨层云，或记雨层云和积雨云共存，积雨云的量根据云底状况估计。

8. 层积云（Sc）与碎雨云（Fn）

■ **蔽光高层云下的层积云** 2001年7月12日11时20分，摄于西藏唐古拉山，拍摄方向：西南，拍摄者：李光亮（引自《中国云图》，2004年）

■ **雨层云下的碎雨云** 1985年7月21日15时10分，摄于辽宁虹螺山，拍摄方向：东北，拍摄者：郭恩铭

两图中的云都布满全天，云间无缝隙，不见蓝天，云底都有较明显的波状起伏，云体呈暗灰色。

下图中遮盖山头的是碎雨云，由于地平线视角较低，使得天边的云看起来明暗相间，呈条块波浪状，此时如果判断天空中的云在同一高度上，可以按天顶的云块结构判定具体的云状，碎雨云位置较高时，就可以看出其边缘破碎不定的形态。

9. 碎积云（Fc）、碎层云（Fs）与碎雨云（Fn）

■ **碎积云** 1982年6月1日6时10分，摄于海南永兴岛，拍摄方向：东，拍摄者：郭恩铭

■ **碎层云** 1981年7月14日8时15分，摄于西藏林芝，拍摄方向：西南，拍摄者：郭恩铭

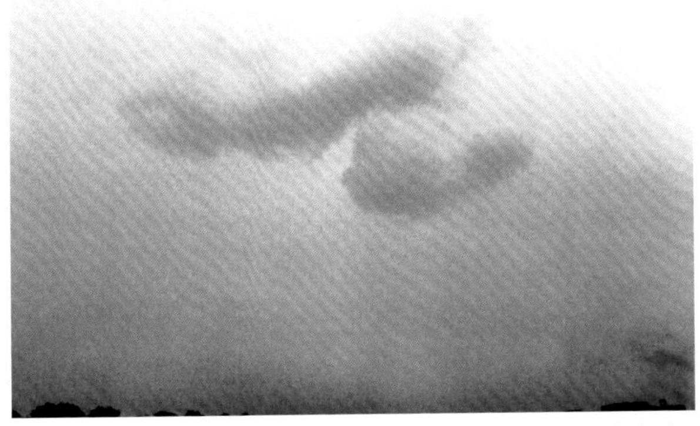

■ **碎雨云** 1982年7月9日16时10分，摄于黑龙江哈尔滨，拍摄方向：西南，拍摄者：郭恩铭

三幅图中的云体都有零散、形状多变，边缘破碎的特征，云底高度较低。

判断这三种破碎的低云，主要应从云的形成过程和当时的天气条件区别。碎雨云是伴见云，常见于能产生降水的云层下，上图的高空是卷层云，中图的高空是高积云，所以这两图中的碎云不是碎雨云。碎积云常与淡积云同时出现，只有天气比较晴好时碎积云可以自行生成，生成时往往全天空只有孤立的碎积云。此外，可以通过连续观测进行判定，碎层云一般由层云破碎生成，碎雨云一般出现在降水天气里。

10. 层积云（Sc）与积云（Cu）

■ **透光层积云** 1980 年 1 月 14 日 17 时 30 分，摄于贵州桐林，拍摄方向：西，拍摄者：郭恩铭

两图中的云块个体清晰，易混淆的是上图和下图（左）的云状，云块成条状、波状排列，云隙间可见蓝天。

下图（左）拍摄的是天顶的积云，因视角关系，云体显得松散，底边也不够水平，顶部的凸起被遮挡，易误判为层积云。当积云聚集在天边，云底重叠时，也易误认为是层积云。

区分这两种云重要的是把握整体，观察全天空云的主要特征，从下图（右）中可以看出天空都是淡积云，这样就不会误判天顶的积云。层积云的云块多呈扁平状，积云的顶部凸起明显，也可以辅助判断云状。

■ **淡积云（局部与全天）** 2017 年 3 月 31 日 14 时 40 分，摄于北京延庆，拍摄者：伍永学

11. 层积云（Sc）与积雨云（Cb）

■ **蔽光层积云** 1982年6月8日17时10分，摄于广东深圳，拍摄方向：西南，拍摄者：郭恩铭

■ **积雨云** 1991年7月28日16时50分，摄于辽宁绥中，拍摄方向：东南，拍摄者：宫福久、郭恩铭（引自《冰雹云图集》，1996年）

两图中的云都布满全天，下图的积雨云底有波浪起伏，如果没有伴见的雷暴或阵性降水现象，易误认为是层积云。

比较来看，下图的云底明暗程度要大一些，尤其是积雨云的母体部分，颜色更深，波浪起伏的程度比上图也要更明显一些。此外，通过伴见的现象来区别，积雨云常有雨幡或雪幡，一般伴有闪电、雷暴，降水呈阵性特征；层积云偶尔有雨幡或雪幡，没有雷电现象。

12. 堡状云（Cast）与积云性云（Cug）

两图中的云块多呈条状，云块呈暗灰色或灰白色，云底较平，有时易把积云性云误记为堡状云。

两图比较，堡状云的水平底边明显更长一些，上部有多个凸起，其中一两点比较突出，在阳光照耀下可看到云的上部有明亮点；积云性云的上凸则比较平缓。另外，可通过两种云出现的天气系统和时间来判别，堡状云多出现在中午前后甚至出现在上午，积云性云多出现在傍晚；堡状云多出现在积雨云来临之前，积云性云则多在积雨云或积云消散阶段出现。

■ **堡状层积云** 1987年6月3日7时10分，摄于福建厦门，拍摄方向：西，拍摄者：郭恩铭

■ **积云性层积云** 1979年8月25日19时30分，摄于北京西郊，拍摄方向：西，拍摄者：郭恩铭

参考文献

北京市气象局气候资料室，1987. 北京气候志 [M]. 北京：北京出版社.

崔讲学，2011. 地面气象观测 [M]. 北京：气象出版社.

《大气科学辞典》编委会，1994. 大气科学辞典 [M]. 北京：气象出版社.

郭恩铭，1985. 西藏高原的云 [M]. 北京：气象出版社.

郭恩铭，宋达人，刘万军，等，1996. 冰雹云图集 [M]. 北京：气象出版社.

李爱贞，刘厚凤，2004. 气象学与气候学基础（第二版）[M]. 北京：气象出版社.

上海市气象局，1974. 云与天气 [M]. 上海：上海人民出版社.

盛裴轩，毛节泰，李建国，等，2013. 大气物理学（第 2 版）[M]. 北京：北京大学出版社.

孙学金，王晓蕾，李浩，等，2009. 大气探测学 [M]. 北京：气象出版社.

王力，施丽娟，2017. 天上的云 [M]. 北京：气象出版社.

严光华，官秀珠，2012. 中华气象谚语精解 [M]. 北京：气象出版社.

中国气象局，2003. 地面气象观测规范 [M]. 北京：气象出版社.

中国气象局，2004. 中国云图 [M]. 北京：气象出版社.

中国气象局监测网络司，2005. 气象仪器与观测方法指南（第六版）[M]. 北京：气象出版社.